1階微分方程式

変数分離形

$$g(y)\frac{dy}{dx}=f(x)$$

$$g(y)dy=f(x)dx$$

$$f(x)dx+g(y)dy=0$$

1階線形微分方程式

$$y'+f(x)y=g(x)$$

一般解　$y=\dfrac{1}{h(x)}\left\{\displaystyle\int_p g(x)h(x)\,dx+C\right\}$

ただし　$h(x)=e^{\int_p f(x)dx}$

同次形

$$y'=f\left(\frac{y}{x}\right)$$

$u=\dfrac{y}{x}$　とおくと

変数分離形になる

ベルヌーイの方程式

y'

2階線形微分方程式

定係数2階線形微分方程式

$y''+ay'+by=0$　…　同次方程式

$y''+ay'+by=g(x)$　…　非同次方程式　$(g(x)\fallingdotseq 0)$

特性方程式 $\lambda^2+a\lambda+b=0$	基本解の組 $\{y_1, y_2\}$	一般解（C_1, C_2：任意定数）
(i)　2つの実数解 $\lambda=\alpha, \beta$	$\{e^{\alpha x}, e^{\beta x}\}$	$y=C_1e^{\alpha x}+C_2e^{\beta x}$
(ii)　重解 $\lambda=\alpha$	$\{e^{\alpha x}, xe^{\alpha x}\}$	$y=C_1e^{\alpha x}+C_2xe^{\alpha x}$ $=(C_1+C_2x)e^{\alpha x}$
(iii)　共役複素数解 $\lambda=p\pm qi$	$\{e^{px}\cos qx, e^{px}\sin qx\}$	$y=C_1e^{px}\cos qx+C_2e^{px}\sin qx$ $=e^{px}(C_1\cos qx+C_2\sin qx)$

[非同次の一般解]
　＝[同次の一般解]＋[非同次の特殊解]

特殊解の公式

$$v=-y_1\int_p\frac{y_2\cdot g}{W}dx+y_2\int_p\frac{y_1\cdot g}{W}dx$$

$$W=\begin{vmatrix} y_1 & y_2 \\ y_1' & y_2' \end{vmatrix}$$ （ロンスキー行列式）

オイラーの方程式

$$x^2y''+axy'+by=g(x)$$

$x=e^t$ とおくと定係数2階線形微分方程式になる

やさしく学べる

微分方程式

石村園子［著］

共立出版株式会社

まえがき

「戦争のない世紀」を目標として向かえた21世紀でしたが，たちまちテロとの戦いに巻き込まれてしまいました。日本でも20世紀型の社会構造から脱却しつつありますが，経済不況はまだまだ続きそうな現状です。さらに，少子化の影響をうけている大学では，他大学との差別化をはかろうと各大学でさまざまな試みがなされ，幅広い才能を持った新入生が入学してきています。

本書は，「微分積分」と「線形代数」を一通り勉強し終えた人を対象に書かれた「常微分方程式」の教科書で，基本的でしかも応用上重要な微分方程式を解くことに主眼を置いて書かれています。自然現象や社会現象を科学的に解明しようとする場合，その現象をいろいろな数式を使って表わしますが，その中の1つが微分方程式です。コラムにはどのようなところに微分方程式が使われているのかが書かれていますので，参考にしてください。

「微分方程式」の勉強は，基本的な関数の微分と積分がある程度不自由なくできないと進みません。しかし「微分積分」を“一通り勉強し終え”，その場ではわかったつもりになっていても，いざ使おうとすると，なかなか思い出せないものです。そのような人のために，第1章は微分積分の復習と微分方程式への導入を兼ねて勉強できるようになっています。微分積分の計算に自信のある人はざっと読み流し，第2章から勉強を始めてください。

また第2章以降も，そこで使う微分積分の公式などをできる限り書き込んでありますので，安心して勉強を進めることができます。第2章の1階微分方程式では，従来取り扱われてきた様々な型の微分方程式は避け，基本的な方程式のみ扱います。第 3 章では応用上よく使われる線形微分方程式，特に定数係数の微分方程式を扱います。ここでは，線形代数で勉強した知識が役立ちます。第 4 章では演算子という考え方を導入し，微分や積分の計算をある程度形式化して線形微分方程式を解く方法を勉強します。最後の第 5 章では，解き方のわからない微分方程式の解を近似する 2 つの方法を紹介してあります。

いずれにしても，微分方程式を勉強するには，「微分積分」「線形代数」が基礎になっていますので，いままで皆さんが勉強してきた教科書等を手の届くところに置いて，勉強をしてください。

最後に，本書を書く機会をくださいました共立出版株式会社取締役の寿日出男氏と，いつもながら編集で大変お世話になりました吉村修司さんに深く感謝いたします。また解答のチェックは石村光資郎，イラストは石村多賀子に協力してもらいました。

2003 年　　寒露

石 村 園 子

目　　次

コラム

第1章

微分方程式

§1　微分方程式と解

1.1　微分方程式とは

さまざまな現象を解明しようとする際，まず実際に起こっている現象をよく観察し，次にどのようなメカニズムでその現象が生じるのかを考察する。この場合，現象をモデル化して数式で表わし，解析する場合が多い。

現象をモデル化した式にはいろいろな種類があるが，その中の1つに微分方程式がある。微分方程式は物理，化学などの自然現象の解析だけではなく，現在では生命現象や社会現象，さらには経済活動の解析にまで幅広く取り入れられている。

y を x の1変数関数とする。つまり y は

$$y = f(x) \quad \text{または} \quad f(x, y) = 0$$

の形で書ける関数とする。このとき，

x と y および，その微分である $y', y'', y''', \cdots$ を含んだ方程式

を**常微分方程式**という。たとえば

$$y' = 2x$$
$$xy' + y = e^x$$
$$y'' + x^2y' + y = \sin x$$

のような方程式である。

これに対して，z が

$$z = f(x, y) \quad \text{または} \quad f(x, y, z) = 0$$

の形で書ける2変数関数の場合，

x, y, z および $z_x, z_y, z_{xx}, z_{xy}, z_{yy}, \cdots$
などの z の偏導関数を含んだ方程式

を**偏微分方程式**という。たとえば

$$z_x = 3x + y$$
$$z_{xx} + z_{yy} = 0$$

のような方程式である。

常微分方程式と偏微分方程式をまとめて **微分方程式** という。本書では常微分方程式のみ取り扱うが，以下単に微分方程式ということにする。

微分方程式が何らかの現象や状態を表わした式の場合，もしこの式をみたす関数 $y=f(x)$ が具体的に見つけられ，その関数が実際の現象とよく合っていれば，モデル化の理論が正しいことになり，その現象が解明されたことになる。

微分方程式において，これから求めようとする関数 y を **未知関数** という。また，微分方程式をみたす関数 $y=f(x)$ または $f(x,y)=0$ を，その方程式の **解** または **解曲線** といい，解の関数を求めることを“微分方程式を **解く**”という。

微分方程式の中で，未知関数 y の最も階数(次数)の高い導関数が $y^{(n)}$ のとき，この微分方程式を **n 階微分方程式** という。たとえば

$xy'+y=e^x$　は 1 階微分方程式

$y''+x^2y+y=\sin x$　は 2 階微分方程式

$x^2y'''=\log x$　は 3 階微分方程式

などである。

■ $y=f(x)$　1 変数関数

微分：　y', $f'(x)$, $\dfrac{dy}{dx}$, $\dfrac{df}{dx}$

■ $z=f(x,y)$　2 変数関数

x に関する偏微分：　z_x, $f_x(x,y)$, $\dfrac{\partial z}{\partial x}$, $\dfrac{\partial f}{\partial x}$

y に関する偏微分：　z_y, $f_y(x,y)$, $\dfrac{\partial z}{\partial y}$, $\dfrac{\partial f}{\partial y}$

微分にはいろいろな
記号があったわね。
アッタ
アッタ

1.2　微分方程式の解

すべての微分方程式に解が存在するとは限らないが

$$1\text{階微分方程式：}\quad y' = f(x, y)$$

を

$$\text{初期条件：}\quad y(a) = b \quad (x = a \text{ のとき } y = b)$$

のもとで解こうとする**初期値問題**については次の定理が成立している。

定理 1.1 [解の存在と一意性]

2変数関数 $f(x, y)$ が点 (a, b) を含む xy 平面上のある領域で連続かつ有限の値をとるなら，

$$\text{初期値問題：}\quad y' = f(x, y),\ \ y(a) = b$$

は少なくとも1つの解をもつ。さらにその領域で，$f(x, y)$ が y に関して偏微分可能であり，$\dfrac{\partial f}{\partial y}$ が連続ならば，ただ1つの解をもつ。

《説明》 本書ではこの定理の証明は省略するが，定理におけるただ1つの解 $y = y(x)$ は，本書の第5章，§2（p. 158）で取り扱う「ピカールの反復法」によって作られる関数列

$$y = b,\ y = y_1(x),\ y = y_2(x), \cdots$$

の極限の関数として定めることができる。（説明終）

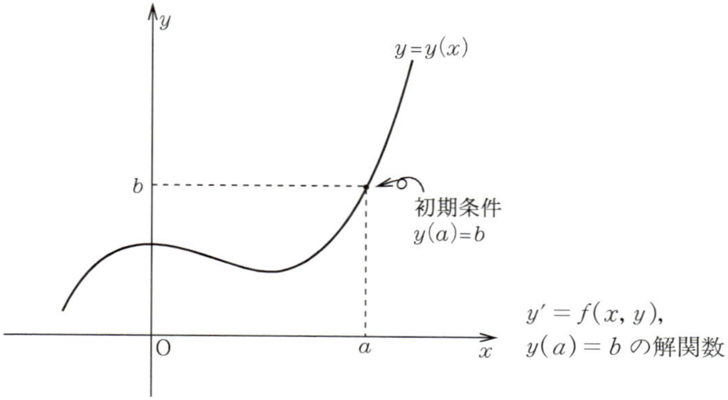

1つの定数 C に対して

初期値問題：

$$y' = f(x, y),\quad y(a) = C$$

の解曲線を $y = y(x, C)$ とする。

定数 C の値をいろいろと動かしたとき，解曲線

$$y = y(x, C)$$

もいろいろな関数を表わすことになる。このように

微分方程式：　$y' = f(x, y)$

の無数の解曲線を表わす任意定数 C を含んだ解

$$y = y(x, C)$$

を**一般解**という。

これに対して，C に特別な値を代入したときに得られる解を **特殊解** または**特解**という。

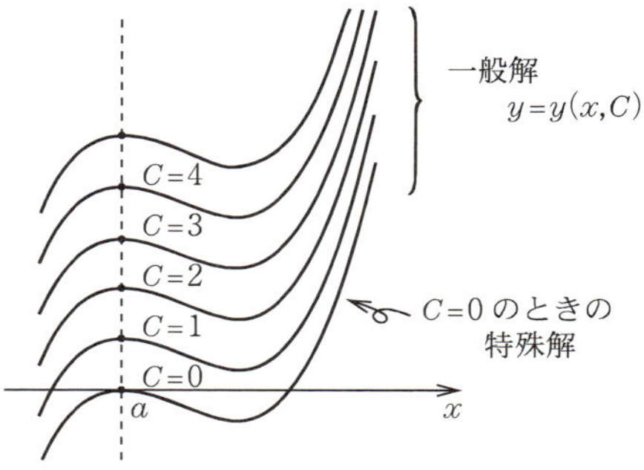

$y' = f(x, y)$ の解曲線群

たとえば，1階微分方程式

$$y' = 2x$$

の一般解は

$$y = x^2 + C\quad（C\text{ は任意定数}）$$

であり，

$$y = x^2$$

は，$C = 0$ としたときの特殊解である。

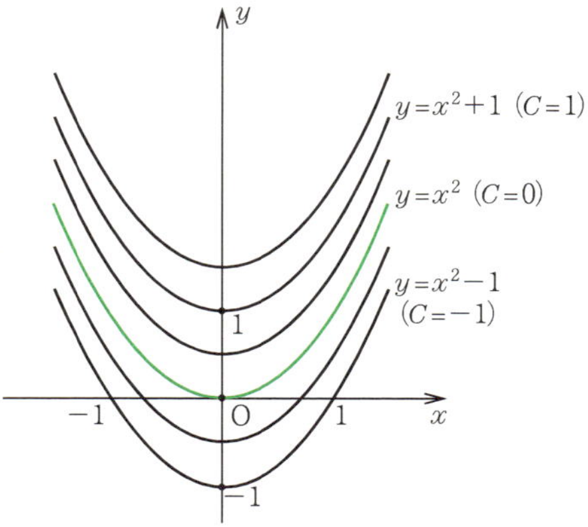

$y' = 2x$ の解曲線群

一般解は，微分方程式の解曲線の集まり，つまり**解曲線群**を表わしている。

また，特殊解はその中の個々の解曲線である。

一般に，n 階微分方程式において n 個の任意定数を含む解を**一般解**といい，任意定数に特別な値を代入して得られる解を**特殊解**または**特解**という。

たとえば2階微分方程式

$$y'' - 2y' + y = 0$$

の一般解は，2つの任意定数を含んだ

$$y = (C_1 + C_2 x)e^x$$

であり，$C_1 = 1$，$C_2 = 1$ を代入すると

$$y = (1 + x)e^x$$

という特殊解となる.

また，本書では扱わないが，解の存在と一意性を保証した定理1.1の条件をみたさない微分方程式については，任意定数にどんな値を代入しても得られない解が存在する場合がある。このような解を **特異解** という。特異解は一般解に含めることが出来ない解である。

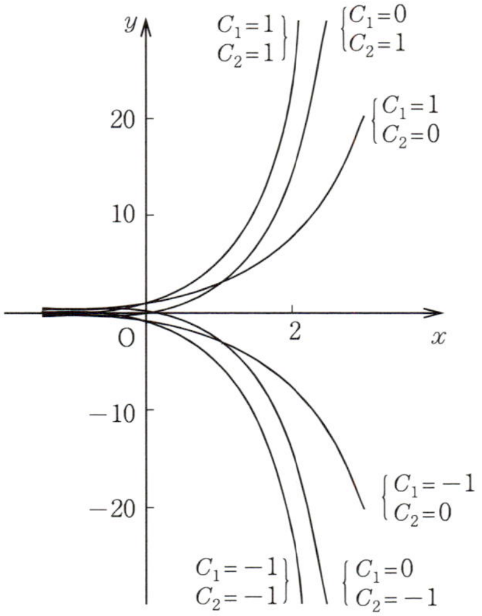

$y'' - 2y' + y = 0$ の解曲線群

一般解　$y = (C_1 + C_2 x)e^x$

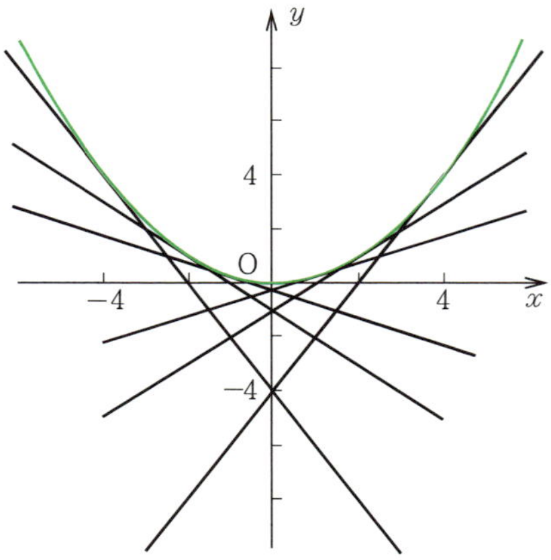

$(y')^2 - y'x + y = 0$ の解曲線群

一般解　$y = Cx - C^2$　(直線群)

特異解　$y = \frac{1}{4}x^2$　(放物線)

§2　微分方程式を解く前に

2.1　微分の復習を兼ねて

微分の復習を兼ねて，微分方程式の解を具体的に見てみよう。

例題 1

関数 $y = x^4 - x^2 + 1$ について

（1）y', y'' を求めてみよう。

（2）微分方程式 $y'' - \dfrac{3}{x}y' = 4$ の解であることを示してみよう。

解　（1）順次微分していくと

$$y' = (x^4 - x^2 + 1)' = 4x^3 - 2x$$

$$y'' = (4x^3 - 2x)' = 12x^2 - 2$$

> $(\text{定数})' = 0$
> $x' = 1$
> $(x^2)' = 2x$
> $(x^3)' = 3x^2$

（2）微分方程式の左辺を計算して右辺と一致することを確かめればよい。

$$\begin{aligned}\text{左辺} &= (12x^2 - 2) - \frac{3}{x}(4x^3 - 2x)\\ &= (12x^2 - 2) - (12x^2 - 6)\\ &= 12x^2 - 2 - 12x^2 + 6\\ &= 4 = \text{右辺}\end{aligned}$$

> $(x^n)' = nx^{n-1}$
> $(n = \pm 1, \pm 2, \pm 3, \cdots)$

> $\dfrac{1}{x^n} = x^{-n}$

ゆえに示せた。　　　　　（解終）

練習問題 1　解答は p. 166

関数 $y = x^2 + \dfrac{1}{x^2}$ について

（1）y', y'' を求めなさい。

（2）微分方程式 $x^2y'' + xy' - 4y = 0$ の解であることを示しなさい。

例題 2

関数 $y = \sin x + \cos 2x$ について

（1） y'，y''，y'''，$y^{(4)}$ を求めてみよう。

（2） 微分方程式 $y^{(4)} + 5y^{(2)} + 4y = 0$ の解であることを示してみよう。

解 （1） 順に微分すると

$y^{(n)} = y\overbrace{'''\cdots'}^{n\text{コ}}$ は
y の n 次導関数のことよ。

$$y' = (\sin x + \cos 2x)' = \cos x - 2\sin 2x$$

$$y'' = (\cos x - 2\sin 2x)'$$

$$= -\sin x - 2\cdot 2\cos 2x = -\sin x - 4\cos 2x$$

$$y''' = (-\sin x - 4\cos 2x)'$$

$$= -\cos x - 4(-2\sin 2x) = -\cos x + 8\sin 2x$$

$$y^{(4)} = (-\cos x + 8\sin 2x)'$$

$$= -(-\sin x) + 8\cdot 2\cos 2x = \sin x + 16\cos 2x$$

（2） （1）で求めた $y^{(2)}(= y'')$，$y^{(4)}$ を微分方程式の左辺へ代入して計算すると

$$\text{左辺} = (\sin x + 16\cos 2x)$$

$$+ 5(-\sin x - 4\cos 2x) + 4(\sin x + \cos 2x)$$

$$= (\sin x - 5\sin x + 4\sin x)$$

$$+ (16\cos 2x - 20\cos 2x + 4\cos 2x)$$

$$= 0 = \text{右辺}$$

ゆえに示せた。　　　　　　　　　　（解終）

$(\sin x)' = \cos x$
$(\cos x)' = -\sin x$

$(\sin ax)' = a\cos ax$
$(\cos ax)' = -a\sin ax$

練習問題 2　解答は p. 166

関数 $y = \sin 3x - \cos x$ について

（1） y'，y''，y'''，$y^{(4)}$ を求めなさい。

（2） 微分方程式 $y^{(4)} + 10y^{(2)} + 9y = 0$ の解であることを示しなさい。

例題 3

関数 $y = 3e^x - e^{2x}$ について

（1） $\dfrac{dy}{dx}$, $\dfrac{d^2y}{dx^2}$ を求めてみよう。

（2） 微分方程式 $\dfrac{d^2y}{dx^2} - 3\dfrac{dy}{dx} + 2y = 0$ の解であることを示してみよう。

解　d を使った微分の記号にも慣れておこう。

$\dfrac{d}{dx}$ =「x で微分せよ」

(1)
$$\frac{dy}{dx} = \frac{d}{dx}(3e^x - e^{2x})$$
$$= (3e^x - e^{2x})' = 3e^x - 2e^{2x}$$
$$\frac{d^2y}{dx^2} = \frac{d}{dx}\left(\frac{dy}{dx}\right)$$
$$= \frac{d}{dx}(3e^x - 2e^{2x})$$
$$= (3e^x - 2e^{2x})'$$
$$= 3e^x - 2 \cdot 2e^{2x} = 3e^x - 4e^{2x}$$

$$y' = \frac{dy}{dx} = \frac{d}{dx}y$$
$$y'' = \frac{d^2y}{dx^2} = \frac{d}{dx}\left(\frac{dy}{dx}\right)$$

(2)　(1)で求めた $\dfrac{dy}{dx}$, $\dfrac{d^2y}{dx^2}$ を微分方程式の左辺へ代入すると

$$\text{左辺} = (3e^x - 4e^{2x}) - 3(3e^x - 2e^{2x}) + 2(3e^x - e^{2x})$$
$$= (3e^x - 9e^x + 6e^x) + (-4e^{2x} + 6e^{2x} - 2e^{2x})$$
$$= 0 = \text{右辺}$$

これで示せた。　　　　（解終）

$$(e^x)' = e^x$$
$$(e^{ax})' = ae^{ax}$$

練習問題 3　解答は p. 166

関数 $y = 5e^x + 2e^{-3x}$ について

（1） $\dfrac{dy}{dx}$, $\dfrac{d^2y}{dx^2}$ を求めなさい。

（2） 微分方程式 $\dfrac{d^2y}{dx^2} + 2\dfrac{dy}{dx} - 3y = 0$ の解であることを示しなさい。

例題 4

関数 $y=1+\log x$ について

（1）$\dfrac{dy}{dx}$, $\dfrac{d^2y}{dx^2}$ を求めてみよう。

（2）微分方程式 $x\dfrac{d^2y}{dx^2}+\dfrac{dy}{dx}=0$ の解であることを示してみよう。

解 （1）y を微分して

$$\frac{dy}{dx}=\frac{d}{dx}(1+\log x)=(1+\log x)'$$

$$=0+\frac{1}{x}=\frac{1}{x}$$

$(\log x)'=\dfrac{1}{x}$

$(x^n)'=nx^{n-1}$
$(n=\pm 1, \pm 2, \pm 3, \cdots)$

分数は指数の形に直して微分すると

$$\frac{d^2y}{dx^2}=\frac{d}{dx}\left(\frac{dy}{dx}\right)=\frac{d}{dx}\left(\frac{1}{x}\right)=\frac{d}{dx}(x^{-1})$$

$$=(x^{-1})'=-1\cdot x^{-1-1}=-x^{-2}=-\frac{1}{x^2}$$

（2）微分方程式の左辺へ代入すると

$\dfrac{1}{x^n}=x^{-n}$

$$左辺=x\cdot\left(-\frac{1}{x^2}\right)+\frac{1}{x}=-\frac{1}{x}+\frac{1}{x}$$

$$=0=右辺$$

これで示せた。　　（解終）

練習問題 4　解答は p. 166

関数 $y=x-\log x$ について

（1）$\dfrac{dy}{dx}$, $\dfrac{d^2y}{dx^2}$ を求めなさい。

（2）微分方程式 $x^2\dfrac{d^2y}{dx^2}+x\dfrac{dy}{dx}-y=\log x$ の解であることを示しなさい。

例題 5

（1）　$y = 1 + \tan^{-1} x$ は $(1 + x^2)y' = 1$ の解であることを示してみよう。

（2）　$y = xe^{2x}$ は $y' - 2y = e^{2x}$ の解であることを示してみよう。

解　微分の公式をいろいろと思い出して示そう。

（1）　逆三角関数の微分公式より

$$y' = (1 + \tan^{-1} x)' = 1' + (\tan^{-1} x)'$$
$$= 0 + \frac{1}{1+x^2} = \frac{1}{1+x^2}$$

なので，これを微分方程式の左辺に代入すると

$$\text{左辺} = (1 + x^2)\cdot\frac{1}{1+x^2} = 1 = \text{右辺}$$

ゆえに示せた。

逆三角関数の微分

$$(\sin^{-1} x)' = \frac{1}{\sqrt{1-x^2}}$$
$$(\cos^{-1} x)' = -\frac{1}{\sqrt{1-x^2}}$$
$$(\tan^{-1} x)' = \frac{1}{1+x^2}$$

（2）　積の微分公式より

$$y' = (xe^{2x})' = x'e^{2x} + x(e^{2x})'$$
$$= 1\cdot e^{2x} + x\cdot 2e^{2x} = e^{2x} + 2xe^{2x}$$

ゆえに，微分方程式の左辺は

$$\text{左辺} = (e^{2x} + 2xe^{2x}) - 2(xe^{2x})$$
$$= e^{2x} + 2xe^{2x} - 2xe^{2x}$$
$$= e^{2x} = \text{右辺}$$

となり，解であることが示せた。　（解終）

積と商の微分公式

$$(f\cdot g)' = f'\cdot g + f\cdot g'$$
$$\left(\frac{f}{g}\right)' = \frac{f'\cdot g - f\cdot g'}{g^2}$$

練習問題 5　解答は p. 167

（1）　$y = x\tan^{-1} x$ は $xy' - y = \dfrac{x^2}{1+x^2}$ の解であることを示しなさい。

（2）　$y = x\sin x$ は $y' - \dfrac{1}{x}y = x\cos x$ の解であることを示しなさい。

例題 6

関数 $y=(\log x)^2$ について

（1） y', y'' を求めてみよう。

（2） 微分方程式 $x^2y''+xy'=2$ の解であることを示してみよう。

解 （1） 合成関数の微分公式を使って微分する。(頭の中で $u=\log x$ とおくと)

$$y'=2(\log x)^{2-1}\cdot(\log x)'$$

$$=2(\log x)\cdot\frac{1}{x}=\frac{2\log x}{x}$$

合成関数の微分公式

$y=f(g(x))$

$u=g(x)$ とおくと $y=f(u)$

$$\frac{dy}{dx}=\frac{dy}{du}\frac{du}{dx}$$

または $y'=f'(u)\cdot u'$

さらに商の微分公式を使って微分すると

$$y''=2\left(\frac{\log x}{x}\right)'$$

$$=2\left(\frac{(\log x)'\cdot x-\log x\cdot x'}{x^2}\right)$$

$$=2\left(\frac{\frac{1}{x}\cdot x-\log x\cdot 1}{x^2}\right)$$

$$=\frac{2}{x^2}(1-\log x)$$

積と商の微分公式

$(f\cdot g)'=f'\cdot g+f\cdot g'$

$$\left(\frac{f}{g}\right)'=\frac{f'\cdot g-f\cdot g'}{g^2}$$

（2） 求めた y', y'' を微分方程式の左辺へ代入すると

$$\text{左辺}=x^2\cdot\frac{2}{x^2}(1-\log x)+x\left(\frac{2\log x}{x}\right)$$

$$=2(1-\log x)+2\log x=2-2\log x+2\log x$$

$$=2=\text{右辺}$$

ゆえに示せた。 (解終)

練習問題 6 解答は p. 167

関数 $y=e^{-x^2}$ について

（1） y', y'' を求めなさい。

（2） $y''+2xy'+2y=0$ の解であることを示しなさい。

2.2　積分の復習を兼ねて

一番簡単な微分方程式を解きながら，積分の復習をしよう。

例題 7

微分方程式 $y' = x^4 - x^2 + 1$ をみたす関数 y をすべて求めてみよう。

解　微分したら $x^4 - x^2 + 1$

となる関数を求めたいので

$$y = \int (x^4 - x^2 + 1)\,dx$$

$$= \frac{1}{5}x^5 - \frac{1}{3}x^3 + x + C$$

したがって，求める関数は

$$y = \frac{1}{5}x^5 - \frac{1}{3}x^3 + x + C$$

（C：任意定数）

（解終）

原始関数と不定積分

■ $F'(x) = f(x)$

（$F(x)$ は $f(x)$ の原始関数）

$\Longleftrightarrow \quad \int f(x)\,dx = F(x) + C$

■ $y' = f(x)$

$\Longleftrightarrow \quad y = \int f(x)\,dx = F(x) + C$

$$\int x^n\,dx = \frac{1}{n+1}x^{n+1} + C$$

（$n \neq -1$）

《**説明**》　不定積分のときに出てくる

積分定数 C

は，どんな実数でもよいのであった。

微分方程式を解く場合は，解の関数を

求めるので C は

任意定数

という言葉を用いる。　（説明終）

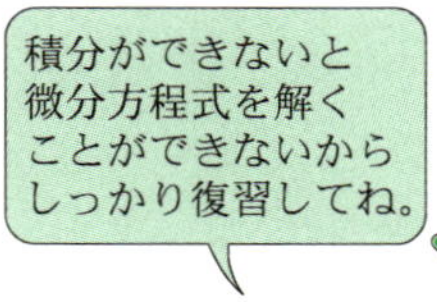
積分ができないと
微分方程式を解く
ことができないから
しっかり復習してね。

$$\frac{1}{x^n} = x^{-n}$$

練習問題 7　解答は p. 168

微分方程式 $y' = x^2 + \dfrac{1}{x^2}$ をみたす関数 y をすべて求めなさい。

例題 8

（1）　$y' = \sin x + \cos 2x$ となる関数 y をすべて求めてみよう。

（2）　$y' = 3e^{x} - e^{2x}$ となる関数 y をすべて求めてみよう。

解　（1）　三角関数の微分と積分とが，ごちゃまぜにならないように気をつけよう。

$$y = \int (\sin x + \cos 2x)\, dx$$

$$= -\cos x + \frac{1}{2}\sin 2x + C$$

$$\int \sin x\, dx = -\cos x + C$$

$$\int \cos x\, dx = \sin x + C$$

ゆえに，求める関数は

$$y = -\cos x + \frac{1}{2}\sin 2x + C$$

（C：任意定数）

$$\int \sin ax\, dx = -\frac{1}{a}\cos ax + C$$

$$\int \cos ax\, dx = \frac{1}{a}\sin ax + C$$

（2）　指数関数の積分公式より

$$y = \int (3e^{x} - e^{2x})\, dx$$

$$= 3e^{x} - \frac{1}{2}e^{2x} + C$$

$$\int e^{x}\, dx = e^{x} + C$$

$$\int e^{ax}\, dx = \frac{1}{a}e^{ax} + C$$

ゆえに求める関数は

$$y = 3e^{x} - \frac{1}{2}e^{2x} + C \quad (C：任意定数)$$

（解終）

練習問題 8　解答は p. 168

（1）　$y' = \sin 3x - \cos x$ となる関数 y をすべて求めなさい。

（2）　$y' = 5e^{x} + 2e^{-3x}$ となる関数 y をすべて求めなさい。

例題 9

（1）　$y' = \dfrac{1}{x}$ となる関数 y をすべて求めてみよう。

（2）　$y' = xe^x$ となる関数 y をすべて求めてみよう。

解　（1）　x^n の積分は $n = -1$ のときは全く公式が異なるので気をつけよう。

$$y = \int \frac{1}{x}\,dx = \log|x| + C$$

$$\int x^n\,dx = \frac{1}{n+1}x^{n+1} + C \quad (n \neq -1)$$

ゆえに，求める関数は

$y = \log|x| + C$　（C：任意定数）

$$\int \frac{1}{x}\,dx = \begin{cases} \log x + C & (x > 0) \\ \log|x| + C & (x \neq 0) \end{cases}$$

（2）　この積分は部分積分で求めるのだった。

$$y = \int xe^x\,dx$$

（$f = x$，$g' = e^x$ とおくと）

$$= xe^x - \int 1 \cdot e^x\,dx$$

$$= xe^x - \int e^x\,dx = xe^x - e^x + C$$

ゆえに，求める関数は

$y = xe^x - e^x + C$　（C：任意定数）

（解終）

部分積分

$$\int f \cdot g'\,dx = \underset{①}{f \cdot g} - \int \underset{②}{f' \cdot g}\,dx$$

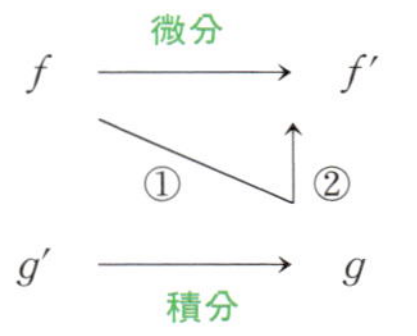

《説明》　（1）において $\dfrac{1}{x}$ の不定積分を $\log x + C$ とした場合は，暗黙のうちに $x > 0$ という条件がつく。　（説明終）

練習問題 9　解答は p. 168

（1）　$y' = \dfrac{1}{x^2} + \dfrac{1}{x}$ となる関数 y をすべて求めなさい。

（2）　$y' = x\sin x$ となる関数 y をすべて求めなさい。

例題 10

（1）　$y' = \dfrac{1}{1+x^2}$ となる関数 y をすべて求めてみよう。

（2）　$y' = \dfrac{x}{1+x^2}$ となる関数 y をすべて求めてみよう。

解　（1）　逆三角関数の積分公式より

$$y = \int \frac{1}{1+x^2}\,dx = \tan^{-1}x + C$$

> $(\tan^{-1}x)' = \dfrac{1}{1+x^2}$
>
> $\displaystyle\int \frac{1}{1+x^2}\,dx = \tan^{-1}x + C$

ゆえに，求める関数は

$$y = \tan^{-1}x + C \quad (C：任意定数)$$

（2）　$(1+x^2)' = 2x$ なので，置換積分で勉強した公式を用いると

$$y = \int \frac{x}{1+x^2}\,dx = \frac{1}{2}\int \frac{2x}{1+x^2}\,dx$$

$$= \frac{1}{2}\log|1+x^2| + C$$

> $\displaystyle\int \frac{1}{x}\,dx = \log|x| + C$
>
> $\displaystyle\int \frac{1}{x+a}\,dx = \log|x+a| + C$
>
> $\displaystyle\int \frac{f'(x)}{f(x)}\,dx = \log|f(x)| + C$

x がどんな実数でも常に $1+x^2>0$ なので

$$= \frac{1}{2}\log(1+x^2) + C$$

ゆえに，求める関数は

$$y = \frac{1}{2}\log(1+x^2) + C \quad (C：任意定数)$$

（解終）

練習問題 10　解答は p. 169

（1）　$y' = \dfrac{1}{1+x}$ となる関数 y をすべて求めなさい。

（2）　$y' = \dfrac{\cos x}{\sin x}$ となる関数 y をすべて求めなさい。

例題 11

（1）　$y''=x+1$ となる関数 y をすべて求めてみよう。

（2）　$y''=\sin 2x$ となる関数 y をすべて求めてみよう。

解　$y''=(y')'$ なので，順に 2 回積分すれば y が求まる。

（1）　まず与えられた式を積分して y' を求めると

$$y'=\int(x+1)\,dx=\frac{1}{2}x^2+x+C_1$$

さらに積分して

$$y=\int\left(\frac{1}{2}x^2+x+C_1\right)dx$$

$$=\frac{1}{2}\cdot\frac{1}{3}x^3+\frac{1}{2}x^2+C_1x+C_2$$

$$=\frac{1}{6}x^3+\frac{1}{2}x^2+C_1x+C_2$$

ゆえに，求める関数は

$$y=\frac{1}{6}x^3+\frac{1}{2}x^2+C_1x+C_2 \quad (C_1, C_2\text{：任意定数})$$

2 回，不定積分を求めるので，積分定数も 2 つ必要なのね。

（2）　まず y' を求めると

$$y'=\int\sin 2x\,dx=-\frac{1}{2}\cos 2x+C_1$$

さらに積分して y を求めると

$$y=\int\left(-\frac{1}{2}\cos 2x+C_1\right)dx=-\frac{1}{2}\cdot\frac{1}{2}\sin 2x+C_1x+C_2$$

$$=-\frac{1}{4}\sin 2x+C_1x+C_2$$

ゆえに，求める関数は

$$y=-\frac{1}{4}\sin 2x+C_1x+C_2 \quad (C_1, C_2\text{：任意定数})$$

（解終）

練習問題 11　解答は p. 169

（1）　$y''=2$ となる関数 y をすべて求めなさい。

（2）　$y''=e^{3x}$ となる関数 y をすべて求めなさい。

運動方程式は微分方程式

歴史上最も輝かしい科学者の1人であるサー・アイザック・ニュートン(1642～1727)は，30歳になる前にすでに力学の基礎的概念を確立し，その法則を定式化していました。彼は，有名な万有引力の法則を発見し，地球上のボールの運動から太陽をまわる惑星の運動まで，巨視的世界の運動を統合的に説明づけ，現在では古典力学といわれている分野を完成させたのでした。

彼が実験の観察結果により発見した法則の1つに，

> 物体の加速度は，それに作用する力に比例し，
> その質量に反比例する

というものがあります。この法則を数学の式として表わしたのが，次の「運動方程式」とよばれている方程式です。

$$F = m\alpha \quad \cdots \ (*)$$

ここで，F は物体に働く力，m は物体の質量，α は物体の加速度です。

x 軸上を運動する物体を考えてみましょう。物体が，

時刻 0　のとき 位置 0

時刻 t　のとき 位置 x

にあるとすると，x は t の関数 $x(t)$ と考えられます。

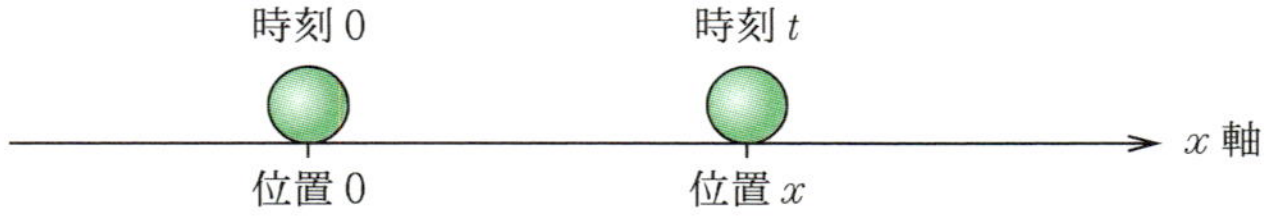

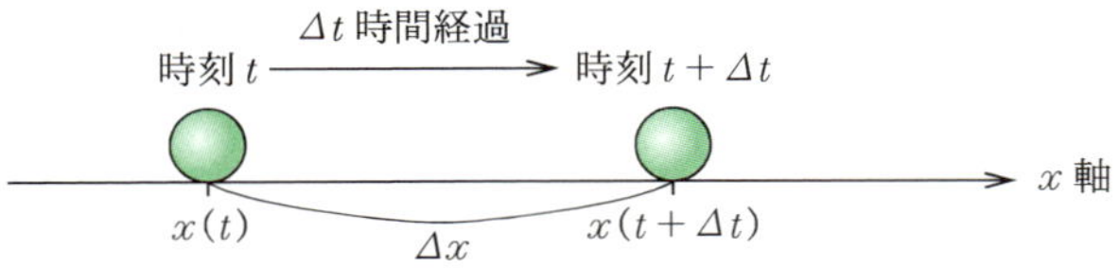

位置 x にあった物体が Δt 時間経過した後，位置 $x+\Delta x$ に移ったとすると，その間の平均速度 $\bar{v}$ は

$$\bar{v} = \frac{\text{移動した距離}}{\text{経過した時間}} = \frac{\Delta x}{\Delta t}$$

で求まります。ここで Δt を限りなく 0 に近づける（$\Delta t \to 0$）と，$\bar{v}$ は瞬間速度 v となります。$\Delta x = x(t+\Delta t) - x(t)$ とかけるので

$$\begin{aligned} v &= \lim_{\Delta t \to 0} \bar{v} = \lim_{\Delta t \to 0} \frac{\Delta x}{\Delta t} \\ &= \lim_{\Delta t \to 0} \frac{x(t+\Delta t) - x(t)}{\Delta t} = \frac{dx}{dt} \end{aligned}$$

となります。さらに Δt 時間における物体の平均加速度 $\bar{\alpha}$ を考えると

$$\bar{\alpha} = \frac{\text{速度の変化}}{\text{経過した時間}} = \frac{\Delta v}{\Delta t}$$

です。ここでも $\Delta t \to 0$ の場合を考えると，$\bar{\alpha}$ は物体の瞬間加速度 α となり，

$$\alpha = \lim_{\Delta t \to 0} \frac{\Delta v}{\Delta t} = \frac{dv}{dt} = \frac{d}{dt}\left(\frac{dx}{dt}\right) = \frac{d^2 x}{dt^2}$$

となります。

つまり，運動方程式 (*) は

$$F = m\frac{d^2 x}{dt^2}$$

という，物体の位置 x を未知関数とする微分方程式なのです。

この方程式を解けば，物体の運動が解明されたことになるのです。

総合練習 1

1. 次の関数は，与えられた微分方程式の解であることを示しなさい。

（1）　$y=\sqrt{1-x^2}$，　　$y\dfrac{dy}{dx}+x=0$

（2）　$y=e^{2x}\sin 3x$，　　$y''-4y'+13y=0$

（3）　$y=\dfrac{1}{x}+\dfrac{1}{x^2}$，　　$x^2y''+4xy'+2y=0$

（4）　$y=x^3\log x+\dfrac{1}{4}x$，　　$x^2\dfrac{d^2y}{dx^2}-5x\dfrac{dy}{dx}+9y=x$

2. 次の式をみたす関数 y をすべて求めなさい。

（1）　$y'=\dfrac{1}{x^2-1}$　　　（2）　$y'=xe^{x^2}$

（3）　$y'=\tan x$　　　（4）　$y''=\dfrac{1}{x}$　$(x>0)$

（5）　$y''=xe^{-x}$　　　（6）　$y''=x\cos x$

3. 部分積分を用いて，次の公式を導きなさい（$a\neq 0$，$b\neq 0$）。

$$I=\int e^{ax}\sin bx\,dx=\frac{e^{ax}}{a^2+b^2}(a\sin bx-b\cos bx)+C_1$$

$$J=\int e^{ax}\cos bx\,dx=\frac{e^{ax}}{a^2+b^2}(a\cos bx+b\sin bx)+C_2$$

（C_1，C_2：任意定数）

第2章

1階微分方程式

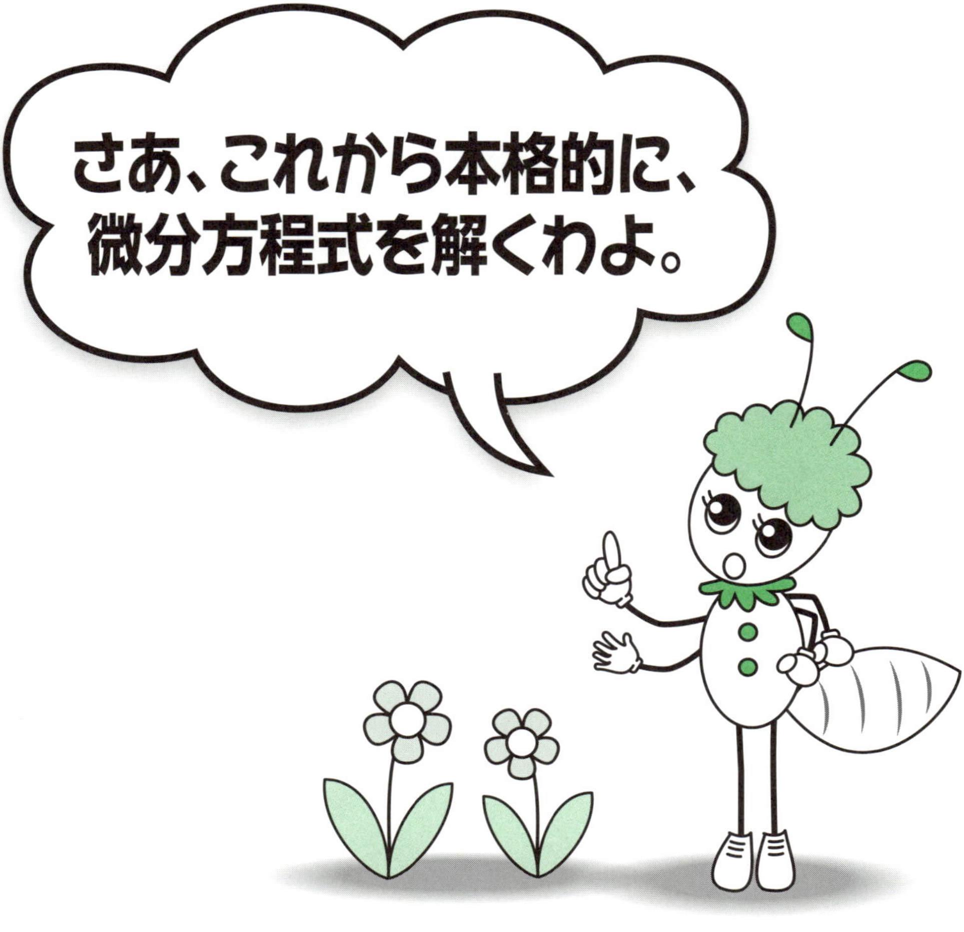

さあ、これから本格的に、
微分方程式を解くわよ。

§1　変数分離形の微分方程式

$f(x)$ を x のみの関数，$g(y)$ を y のみの関数とするとき，

$$g(y)\frac{dy}{dx}=f(x)$$

の形になる微分方程式を **変数分離形** という。この方程式は $\frac{dy}{dx}$ を形式的にバラバラにして

$$g(y)dy=f(x)dx$$

とか

$$f(x)dx-g(y)dy=0$$

と書く場合もある。

$\frac{dy}{dx}$ は y' と同じよ。
これからは両方の記号を使うから，まごつかないようにね。

解き方を説明する前に，次の式が成立することを確認しておこう。

定理 2.1

$$\int\left(g(y)\frac{dy}{dx}\right)dx=\int g(y)\,dy$$

【証明】　$y=\varphi(x)$ とおいて両辺を x で微分すると

$$\frac{dy}{dx}=\varphi'(x)$$

置換積分の公式より

$$\int g(y)\,dy=\int g(\varphi(x))\varphi'(x)\,dx$$

$\varphi(x)$ を y と書き直せば

$$=\int\left(g(y)\frac{dy}{dx}\right)dx$$

となる。　(証明終)

置換積分

- $x=g(u)$ とおくと

$$\int f(x)\,dx=\int f(g(u))g'(u)\,du$$

- $u=\varphi(x)$ とおくと

$$\int f(u)\,du=\int f(\varphi(x))\varphi'(x)\,dx$$

この定理により，記号 $\frac{dy}{dx}$ は分数のように扱えるので便利である。

それでは変数分離形の解き方を説明しよう。

[変数分離形の解き方 1]

1. 左辺は y のみの関数，右辺は x のみの関数となるように変数を分離して次の形にする。

$$g(y)\frac{dy}{dx} = f(x)$$

2. 両辺を x で積分する。

$$\int\left(g(y)\frac{dy}{dx}\right)dx = \int f(x)\,dx$$

約分するように変形して

$$\int g(y)\,dy = \int f(x)\,dx$$

3. 左辺は y で積分，右辺は x で積分する。

両辺から任意定数が出てくるが，まとめて右辺に 1 つ書いておくと

$$G(y) = F(x) + C \quad (C：任意定数)$$

これが一般解。(複雑にならないようなら“$y =$”の式に直す。)

例題 12

次の微分方程式の一般解を求めてみよう。

（1）　$y' = x$　　　（2）　$y' = y$

変数分離形

$$g(y)\frac{dy}{dx} = f(x)$$
$$g(y)dy = f(x)dx$$
$$f(x)dx + g(y)dy = 0$$

解　（1）　y' を $\dfrac{dy}{dx}$ にかえて書き直すと

$$\frac{dy}{dx} = x$$

となるので，$g(y) = 1$，$f(x) = x$ の場合の変数分離形。両辺を x で積分すると

$$\int\left(1\cdot\frac{dy}{dx}\right)dx = \int x\,dx$$
$$\int 1\,dy = \int x\,dx$$

左辺は y で積分，右辺は x で積分して

$$y = \frac{1}{2}x^2 + C \quad (C：任意定数)$$

これが求める一般解。

（2）　y' を $\dfrac{dy}{dx}$ にかえて書き直すと

$$\frac{dy}{dx} = y$$

左辺に y のみ，右辺に x のみの関数がくるように変形する。

$$\frac{1}{y}\frac{dy}{dx} = 1 \quad (ただし\ y \neq 0)$$

これは，$g(y) = \dfrac{1}{y}$，$f(x) = 1$ の変数分離形。

両辺を x で積分して

$$\int\left(\frac{1}{y}\frac{dy}{dx}\right)dx = \int 1\,dx$$
$$\int\frac{1}{y}\,dy = \int 1\,dx$$

積分して

$$\log|y| = x + C$$

$\int \frac{1}{x}\,dx = \log|x| + C$

このままでもよいが，なるべく“$y=$”の形で解を求めるために次のように変形する。

$\log_a b = c \iff b = a^c$

log は自然対数なので底は e。ゆえに指数の形に直すと

$$|y| = e^{x+C}$$

となる。指数法則を使って

$e^{p+q} = e^p e^q$

$$|y| = e^x e^C$$

$$y = \pm e^C e^x$$

C は任意定数なので $\pm e^C$ は 0 以外の任意定数をとる。そこで $\pm e^C = A$ とおくと，

$$y = Ae^x \quad (A \text{ は } 0 \text{ 以外の任意定数})$$

一方，$y=0$ という関数も微分方程式をみたすので解である。これは上の解において $A=0$ とすれば得られるので

$$y = Ae^x \quad (A \text{ は任意定数})$$

が求める一般解。　　　　　　　　　　　　　　　　　　　　　　　　（解終）

これからもこのような方法で任意定数を置き換えていくのでやり方に慣れてね。

チョット
タイヘン！

練習問題 12　　解答は p. 171

次の微分方程式の一般解を求めなさい。

（1）　$y' = \dfrac{1}{x}$　　　　（2）　$y' = 2xy$

dy と dx がバラバラになっている変数分離形については，次の定理を使うと計算が速い。

定理 2.2

（1）　$g(y)dy = f(x)dx \quad \Longrightarrow \quad \int g(y)\,dy = \int f(x)\,dx$

（2）　$f(x)dx + g(y)dy = 0 \quad \Longrightarrow \quad \int f(x)\,dx + \int g(y)\,dy = C$

（C：任意定数）

【証明】　どちらも本来の微分記号 $\dfrac{dy}{dx}$ にもどしてから積分して示す。

（1）　両辺を dx で割って本来の記号 $\dfrac{dy}{dx}$ にもどすと

$$g(y)\frac{dy}{dx} = f(x)$$

両辺を x で積分して

$$\int\left(g(y)\frac{dy}{dx}\right)dx = \int f(x)\,dx$$

左辺は定理 2.1（p.22）を使うと

$$\int g(y)\,dy = \int f(x)\,dx$$

となる。

（2）　両辺を dx で割って本来の記号 $\dfrac{dy}{dx}$ にもどすと

$$f(x) + g(y)\frac{dy}{dx} = 0$$

両辺を x で積分して

$$\int\left\{f(x) + g(y)\frac{dy}{dx}\right\}dx = \int 0\,dx$$

$$\int f(x)\,dx + \int\left(g(y)\frac{dy}{dx}\right)dx = C$$

左辺の第2項は定理 2.1（p.22）を使って変形すると

$$\int f(x)\,dx + \int g(y)\,dy = C$$

（C：任意定数）

となる。

（証明終）

$(\text{定数})' = 0 \iff \int 0\,dx = \text{定数}$

[変数分離形の解き方 2]

（形式的に解く場合）

1. 変数を分離して次の形にする。

$$g(y)dy = f(x)dx \quad \text{または} \quad f(x)dx + g(y)dy = 0$$

2. 形式的に $\int$ をつける。

$$\int g(y)\,dy = \int f(x)\,dx \quad \text{または} \quad \int f(x)\,dx + \int g(y)\,dy = C$$

3. x と y で各項を積分する。

それぞれの不定積分から任意定数が出るが，それらをまとめて１つ書いておけばよい。

$$G(y) = F(x) + C \quad \text{または} \quad F(x) + G(y) = C$$

これが一般解。（複雑にならないようなら“$y=$”の式に直す。）

- $y\,dy = x\,dx \quad \Longrightarrow \quad \int y\,dy = \int x\,dx$
- $x\,dy = y\,dx \quad \not\Longrightarrow \quad \int x\,dy = \int y\,dx$
- $x\,dx + y\,dy = 0 \quad \Longrightarrow \quad \int x\,dx + \int y\,dy = C$
- $y\,dx + x\,dy = 0 \quad \not\Longrightarrow \quad \int y\,dx + \int x\,dy = C$
- $\dfrac{1}{x}dx + \dfrac{1}{y}dy = 0 \quad \Longrightarrow \quad \int \dfrac{1}{x}dx + \int \dfrac{1}{y}dy = C$

形式的に計算するときは，変数が分離できていることを確認してから ∫ をつけてね。
やたらに ∫ をつけると間違えるわよ。
アブナイ，アブナイ

例題 13

次の微分方程式を解いてみよう。

（1）　$y\,dy = x\,dx$　　（2）　$x\,dx - (1 + x^2)\,dy = 0$

《説明》 $\dfrac{dy}{dx}$ をバラバラにして書かれている微分方程式である。物理などではよく，こういう書き方をするが，式の意味するところをちゃんと理解せずに計算してしまうと間違えるので気をつけよう。　（説明終）

解　どちらも，変数が分離されるかどうかを確認してから解こう。

（1）　左辺は y のみの関数，右辺は x のみの関数となっているので変数分離形である。両辺に $\int$ をつけて積分していくと

$$\int y\,dy = \int x\,dx$$

$$\frac{1}{2}y^2 = \frac{1}{2}x^2 + C_1$$

■ $g(y)dy = f(x)dx$
$\Longrightarrow \int g(y)\,dy = \int f(x)\,dx$

両辺を2倍して

$$y^2 = x^2 + 2C_1$$

$2C_1 = C$ とおき直すと

$$y^2 = x^2 + C \quad (C：任意定数)$$

これが求める一般解。

任意定数は次々と置き換えるので，置き換えるたびに
C_1，C_2，C_3，…
とし，最後に C とすればいいわ。
ワカッタ，ワカッタ

（2）　dx の項は x のみの関数，dy の項は y のみの関数になっていないと変数分離形ではない。両辺を $(1+x^2)$ で割ると

$$\frac{x}{1+x^2}\,dx - dy = 0$$

これで変数分離形であることが確認された。

$\int$ をつけて積分していくと

$$\int \frac{x}{1+x^2}\,dx - \int dy = C_1$$

$$\frac{1}{2}\int \frac{2x}{1+x^2}\,dx - \int 1\,dy = C_1$$

$$\frac{1}{2}\log(1+x^2) - y = C_1$$

$$\therefore\quad y = \frac{1}{2}\log(1+x^2) - C_1$$

■ $f(x)dx + g(y)dy = 0$

$$\Longrightarrow \int f(x)\,dx + \int g(y)\,dy = C$$

$-C_1 = C$ とおくと

$$y = \frac{1}{2}\log(1+x^2) + C \quad (C：任意定数)$$

（解終）

$$\int \frac{f'(x)}{f(x)}\,dx = \log|f(x)| + C$$

$$\int \frac{1}{1+x}\,dx = \log|1+x| + C$$

$$\int \frac{1}{1+x^2}\,dx = \tan^{-1}x + C$$

$$\int \frac{x}{1+x^2}\,dx = \frac{1}{2}\log(1+x^2) + C$$

練習問題 13　解答は p. 171

次の微分方程式を解きなさい。

（1）　$y(1+x^2)\,dy = x\,dx$　　（2）　$(1+y^2)\,dx + dy = 0$

例題 14

次の初期値問題を解いてみよう。

（1）　$xy' = 1$ $(x > 0)$，$y(1) = 1$

（2）　$\sin 2x\,dx + dy = 0$，$y(0) = 1$

《説明》　初期値問題とは，与えられた

$$\text{初期条件：}\quad y(a) = b \quad (x = a \text{ のとき } y = b)$$

をみたすような微分方程式の解曲線（特殊解）を求めること。　（説明終）

解　（1）　y' を $\dfrac{dy}{dx}$ におきかえ，両辺を x で割って変数を分離すると

$$\frac{dy}{dx} = \frac{1}{x}$$

$$\int \frac{1}{x}\,dx = \log x + C \quad (x > 0)$$

両辺を x で積分すると

$$\int \frac{dy}{dx}\,dx = \int \frac{1}{x}\,dx$$

$$\int 1\,dy = \int \frac{1}{x}\,dx$$

$$\therefore\quad y = \log x + C \quad (C\text{：任意定数})$$

これは一般解。この中から初期条件 $y(1) = 1$ をみたす解を見つける。一般解に

$$x = 1,\quad y = 1$$

を代入すると

$$1 = \log 1 + C$$

$$1 = 0 + C$$

$$\therefore\quad C = 1$$

これを一般解に代入すると

$$y = \log x + 1$$

これが求める特殊解。

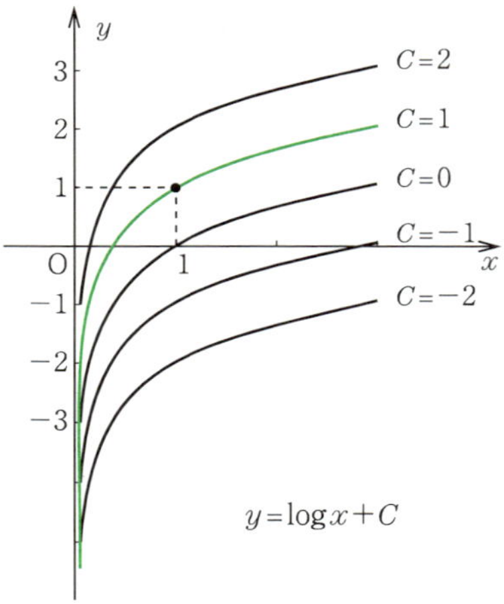

（2）　変数は分離できているので，両辺に $\int$ をつけて積分すると

$$\int \sin 2x\, dx + \int 1\, dy = C$$

$$-\frac{1}{2}\cos 2x + y \qquad = C$$

$$\int \sin ax\, dx = -\frac{1}{a}\cos ax + C$$

$$\int \cos ax\, dx = \frac{1}{a}\sin ax + C$$

$\therefore \quad y = \frac{1}{2}\cos 2x + C$　（C：任意定数）

これは一般解。ここに初期条件 $y(0)=1$ を代入して C の値を決定する。

$x=0$，$y=1$ を代入すると

$$1 = \frac{1}{2}\cos 0 + C$$

$$\sin 0 = 0$$
$$\cos 0 = 1$$

$$1 = \frac{1}{2} + C$$

$$\therefore \quad C = \frac{1}{2}$$

これを一般解に代入すると

$$y = \frac{1}{2}\cos 2x + \frac{1}{2}$$

$$y = \frac{1}{2}(\cos 2x + 1)$$

これが求める特殊解。　（解終）

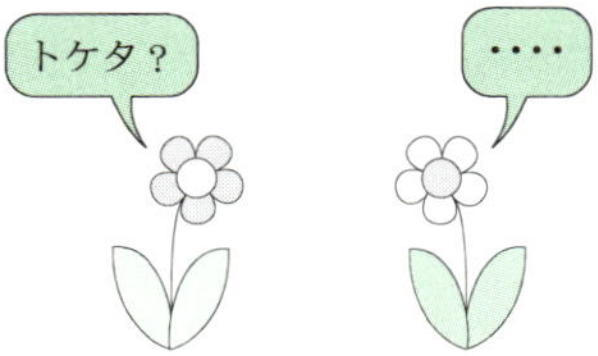

練習問題 14　解答は p. 172

次の初期値問題を解きなさい。

（1）　$(x^2+1)y' = xy$，$y(0)=1$　　（2）　$x\,dx - e^x\,dy = 0$，$y(0)=1$

地球環境問題は微分方程式で

現在，多くの生物種が絶滅の危機に瀕していると言われています。「数理生態学」という学問分野では，さまざまな種が将来にわたって共存できるかどうかを，数理モデルを使って研究しています。

ある生物Pの個体数 x がある地域Rで増加または減少する様子を考えてみましょう。

時刻 t における個体数 x を t の関数 $x(t)$ と考えると，x の導関数

$$\dot{x} = \frac{dx}{dt} = \lim_{\Delta t \to 0} \frac{x(t + \Delta t) - x(t)}{\Delta t}$$

は時刻 t における個体数の変化率を表わしているので，$\dfrac{\dot{x}}{x}$ は1個体あたりの繁殖率となります。もし繁殖率が一定の値 $a\,(a > 0)$ なら

$$\dot{x} = ax$$

という微分方程式が成立します。

これは変数分離形の方程式なので，すぐに解けて，解は

$$x(t) = x_0 e^{at} \quad (x_0 = 初期個体数)$$

となります。つまり，個体数は時刻 t の経過につれ，指数関数的に増加し，時間が十分に経過すると爆発的な成長をすることになります。しかし，自然界ではめったにこんなことは起こりません。そこでモデルを少し変えてみましょう。

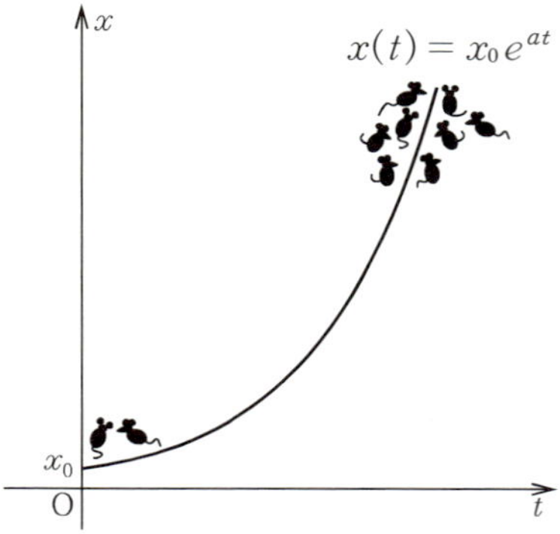

1個体あたりの繁殖率を一定値 a ではなく，全体の個体数 x の1次関数 $a - bx\,(a > 0,\ b > 0)$ とし，$\dfrac{\dot{x}}{x} = a - bx$ としてみると

$$\dot{x} = ax - bx^2$$

となります。この微分方程式の右辺の第1項は個体数の爆発的成長を表わし，第2項はエサの不足や個体間の摩擦などのストレスによる成長の抑制と解釈されます。

微分方程式を変形すると

$$\dot{x} = ax\left(1 - \frac{x}{K}\right) \quad \cdots \ (*)$$

となります（ただし，$K = a/b$）。

この微分方程式も変数分離形です。解くと（p.38 総合練習 2-1, 1（3）参照）

$$x(t) = \frac{K}{1 - Ce^{-at}} \quad \left(C = 1 - \frac{K}{x_0},\ x_0 \text{ は初期個体数}\right)$$

となります。したがって，$x(t)$ は初期個体数 x_0 の値により

$x_0 > K$ のとき減少関数

$x_0 < K$ のとき増加関数

となり，いずれの場合も $t \to \infty$ のとき x の値は K に限りなく近づいて行きます。値 K は，生物 P が地域 R で生存し続けることができる個体数の上限で，環境収容力とよばれています。

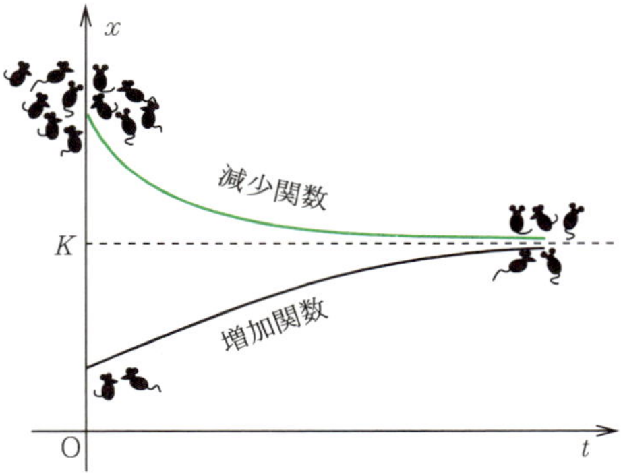

いま解いた微分方程式(*)は，マルサス(1766～1834)が人口増加の予測のために考え出した方程式で，ロジスティック方程式といいます。この方程式は生物の個体数だけでなく，文化の流行などにも幅広く適用されて来ています。

さらに 2 種類以上の生物や，同じ生物内でも年齢や体の大きさなどによるグループ間にもロジスティック方程式が応用され，生物の絶滅，存続の予測に使われています。

多種多様な生物が共存していかなければならない地球環境問題について長期予測を可能にしようと，数理生態学者達は日夜研究を続けているのです。

(参考書：シリーズ・ニューバイオフィジックス⑩『数理生態学』，共立出版)

§2　変数分離形に直せる微分方程式

ここでは，変数変換により変数分離形に直せる微分方程式の解き方を例題を使って説明していこう。

例題 15

$$y' = \frac{y}{x} + 1$$

左の微分方程式について

（1）$\frac{y}{x} = u$ とおくことにより一般解を求めてみよう。

（2）初期条件 $y(1) = 0$ をみたす特殊解を求めてみよう。

《説明》 $y' = f\left(\frac{y}{x}\right)$ の形，つまり $\frac{y}{x}$ がひとかたまりになって式を作っている微分方程式を**同次形**という。同次形の場合，$\frac{y}{x} = u$ とおくことにより変数分離形に直すことができる。（説明終）

解 （1）$y' = \frac{y}{x} + 1$ と $\frac{y}{x}$ がひとかたまりになって式を作っているので，同次形の微分方程式である。

微分方程式の未知関数 y を未知関数 u に変換するのよ。

$$\frac{y}{x} = u \quad \text{とおくと} \quad y = xu$$

この式より y' を求め，もとの方程式に代入する。

u も x の関数なので，積の微分公式を使うと

$$\begin{aligned} y' &= (xu)' = x'u + xu' \\ &= 1 \cdot u + xu' = u + xu' \end{aligned}$$

微分方程式に代入すると

$$\begin{aligned} u + xu' &= u + 1 \\ xu' &= 1 \end{aligned}$$

積の微分公式

$$(f \cdot g)' = f' \cdot g + f \cdot g'$$

ここで，$u' = \dfrac{du}{dx}$ なので

$$x\frac{du}{dx} = 1 \qquad \therefore \quad \frac{du}{dx} = \frac{1}{x}$$

これは変数分離形。両辺を x で積分して

$$\int \frac{du}{dx}dx = \int \frac{1}{x}dx$$

$$\int 1\,du = \int \frac{1}{x}dx$$

$$u = \log|x| + C$$

変数分離形

$$g(y)\frac{dy}{dx} = f(x)$$

$$g(y)dy = f(x)dx$$

$$f(x)dx + g(y)dy = 0$$

$$\int \frac{1}{x}dx = \log|x| + C$$

$$\int \frac{1}{x+a}dx = \log|x+a| + C$$

$u = \dfrac{y}{x}$ だったので代入してもとにもどすと

$$\frac{y}{x} = \log|x| + C$$

$$\therefore \quad y = x(\log|x| + C) \quad (C：任意定数)$$

これが一般解。

（2）　初期条件 $y(1) = 0$ をみたすように C の値を決める。

$x = 1$，$y = 0$ を一般解へ代入すると

$$0 = 1\cdot(\log 1 + C)$$

$$= 1\cdot(0 + C) = C$$

$$\therefore \quad C = 0$$

$$\log e = 1$$

$$\log 1 = 0$$

ゆえに求める特殊解は

$$y = x\log|x|$$

（解終）

練習問題 15　解答は p. 173

$\dfrac{y}{x} = u$ とおいて，次の微分方程式を解きなさい。また，与えられた初期条件をみたす特殊解も求めなさい。

（1）　$y' = \dfrac{x}{y} + \dfrac{y}{x}$，$y(1) = 2$　　（2）　$y' = \left(\dfrac{y}{x}\right)^2$，$y(1) = \dfrac{1}{2}$

例題 16

$$y' = \frac{x-y+3}{x-y}$$

左の微分方程式について

（1） $x-y=u$ とおくことにより一般解を求めてみよう。

（2） 初期条件 $y(0)=1$ をみたす特殊解を求めてみよう。

解 （1） $x-y=u$ とおくと $y=x-u$ となる。両辺を微分して

$$y' = (x-u)' = x' - u' = 1 - u'$$

方程式に代入すると

$$1 - u' = \frac{u+3}{u}$$

$$u' = 1 - \frac{u+3}{u}$$

u も x の関数であることを忘れないで。

右辺を計算して

$$u' = \frac{u-(u+3)}{u} = -\frac{3}{u}$$

$$\therefore \quad u' = -\frac{3}{u}$$

$u' = \dfrac{du}{dx}$ なので

$$\frac{du}{dx} = -\frac{3}{u} \quad ゆえに \quad u\frac{du}{dx} = -3$$

これは変数分離形。両辺を x で積分して

$$\int\left(u\frac{du}{dx}\right)dx = -\int 3\,dx$$

$$\int u\,du = -\int 3\,dx$$

$$\frac{1}{2}u^2 = -3x + C_1$$

$$u^2 = C - 6x \quad (2C_1 = C)$$

変数分離形

$$g(y)\frac{dy}{dx} = f(x)$$

$$g(y)dy = f(x)dx$$

$$f(x)dx + g(y)dy = 0$$

$u = x - y$ だったので，もとにもどすと

$$(x-y)^2 = C - 6x$$

$$x - y = \pm\sqrt{C-6x}$$

$$\therefore\quad y = x \pm \sqrt{C-6x}\quad (C：任意定数)$$

これが求める一般解。

（2）　初期条件 $y(0)=1$ より C を定める。$x=0$，$y=1$ を代入して

$$1 = 0 \pm \sqrt{C - 6\cdot 0}$$

$$1 = \pm\sqrt{C}$$

＋の方のみ条件をみたす C が存在し

$$C = 1$$

$$\therefore\quad y = x + \sqrt{1-6x}$$

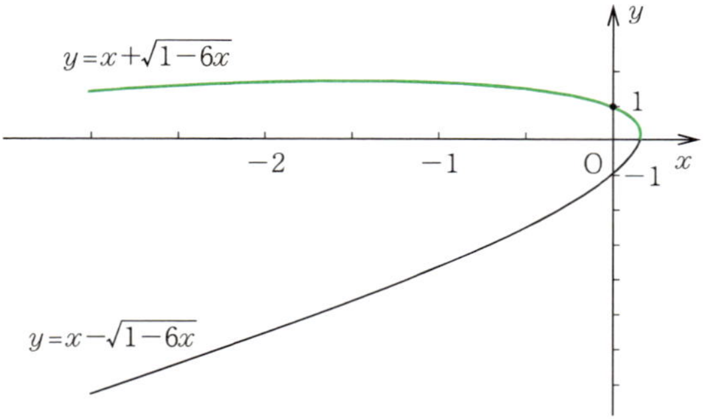

練習問題 16 解答は p. 174

次の微分方程式の一般解と，与えられた初期条件をみたす特殊解を求めなさい。

（1）　$y' = -\dfrac{4x+2y}{2x+y-1}$　$(2x+y=u)$，$y(0)=3$

（2）　$y' = (x+y)^2$　$(x+y=u)$，$y(0)=0$

総合練習 2-1

1.　次の変数分離形の微分方程式を解きなさい。また，与えられた初期条件をみたす特殊解も求めなさい。

（1）　$yy' = x^3$,　　$y(0) = 1$

（2）　$y' = y\cos x$,　　$y(0) = 1$

（3）　$y' = y(1-y)$,　　$y(0) = 3$

（4）　$x\dfrac{dy}{dx} = \tan y$,　　$y(1) = \dfrac{\pi}{6}$

（5）　$x\dfrac{dy}{dx} + y = 1$,　　$y(1) = 0$

（6）　$(x-1)^2\,dx = dy$，　$y(0) = 1$

（7）　$e^{x+y}\,dx + dy = 0$，　$y(0) = 0$

（8）　$(y-1)\,dx + (x+2)\,dy = 0$，　$y(0) = 0$

（9）　$y\,dy = (y^2+1)\,dx$，　$y(0) = 0$

（10）　$dy = (y^2+1)\,dx$，　$y(0) = 0$

変数分離形の解き方 1

1.　$g(y)\dfrac{dy}{dx} = f(x)$

2.　$\displaystyle\int g(y)\,dy = \int f(x)\,dx$

3.　$G(y) = F(x) + C$

2.　変数変換により変数分離形に直して，次の微分方程式を解きなさい。

（1）　$y' = (x+y-1)^2$　　　$(x+y-1=u)$

（2）　$\dfrac{dy}{dx} = x - y$　　　$(x-y=u)$

（3）　$y' = \dfrac{2x^2 - y^2}{xy}$　　　$\left(\dfrac{y}{x} = u\right)$

（4）　$x(x+y)\dfrac{dy}{dx} = y^2$　　　$\left(\dfrac{y}{x} = u\right)$

（5）　$y' = \dfrac{2x-y}{2x-y+1}$　　　$(2x-y=u)$

（6）　$xy' + y = e^{xy}$　　　$(xy=u)$

（7）　$x^2y' = y^2 + xy + x^2$　　　$\left(\dfrac{y}{x} = u\right)$

うわ～！
こんなにたくさんの
微分方程式，解ける
かしら。
解答は p.176 よ。

変数分離形の解き方 2

1.　$g(y)dy = f(x)dx$

2.　$\int g(y)dy = \int f(x)dx$

3.　$G(y) = F(x) + C$

1.　$f(x)dx + g(y)dy = 0$

2.　$\int f(x)dx + \int g(y)dy = C$

3.　$F(x) + G(y) = C$

§3　1階線形微分方程式

$f(x)$, $g(x)$ を x のみの関数とするとき

$$y' + f(x)y = g(x) \quad \cdots (*)$$

の形の微分方程式を，**1階線形微分方程式** という。

$(*)$の方程式の中で，$g(x) \equiv 0$（常に値が0）のとき

$$y' + f(x)y = 0 \quad \cdots (**)$$

を**同次方程式**という。

一方，$(*)$の方程式の中で，$g(x) \not\equiv 0$ のとき

$$y' + f(x)y = g(x)$$

を**非同次方程式**という。

同次方程式は変数分離形の方程式となる。なぜなら，$(**)$式を書き直すと

$$y' = -f(x)y$$

$$\frac{1}{y}y' = -f(x) \quad (y \neq 0 \text{ のとき})$$

となり，左辺は y のみの関数，右辺は x のみの関数となるからである。

1階線形微分方程式

$y' + f(x)y = 0$	$\cdots$	同次方程式
$y' + f(x)y = g(x)$	$\cdots$	非同次方程式　$(g(x) \not\equiv 0)$

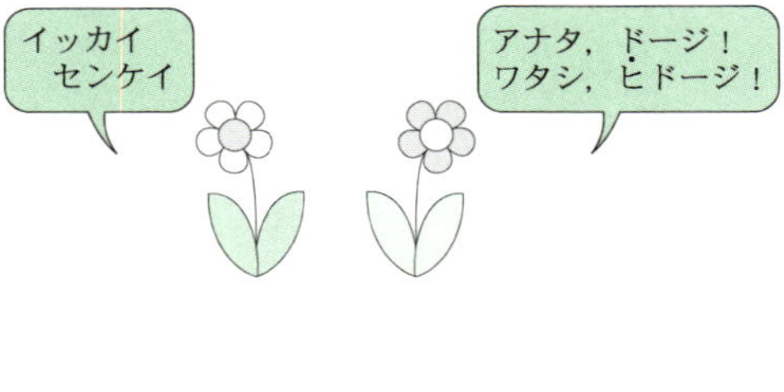

定理 2.3

1階線形微分方程式

$$y' + f(x)y = g(x) \quad \cdots (*)$$

の一般解は

$$y = \frac{1}{h(x)}\left\{\int_p g(x)h(x)\,dx + C\right\} \quad (C：任意定数)$$

ただし　$h(x) = e^{\int_p f(x)\,dx}$　$\left(\int_p f(x)dx \text{ は } f(x) \text{ の原始関数の1つ}\right)$

《説明》　ちょっと複雑な式であるが，1階線形微分方程式の解の公式ともいえる式である。証明は，与えられた一般解を微分方程式に代入して確かめてもよいが，一般解を導き出して示してみよう。その前にちょっと準備をする。

1階微分方程式$(*)$の左辺を見ると，第1項にy'，第2項にはyがあることに注目する。積の微分公式より

$(f\cdot g)' = f'\cdot g + f\cdot g'$

$$\{y\cdot h(x)\}' = y'\cdot h(x) + y\cdot h'(x)$$

なので，$(*)$の左辺に何か$h(x)$という関数をかけて左辺が$\{y\cdot h(x)\}'$にならないかを考えてみる。

$$(*) \times h(x):\quad y'\cdot h(x) + y\cdot f(x)h(x) = g(x)h(x)$$

$$\{y\cdot h(x)\}' = y'\cdot h(x) + y\cdot h'(x)$$

この2式を比較すると，もし

$$f(x)h(x) = h'(x) \quad \cdots (☆)$$

であれば，上の式と下の式は一致し，

$$\{y\cdot h(x)\}' = g(x)h(x)$$

となる。そこで(☆)をみたす関数$h(x)$を見つければよい。$h(x) \neq 0$として(☆)を変形すると

$$\frac{h'(x)}{h(x)} = f(x)$$

両辺をxで積分して

$$\int \frac{h'(x)}{h(x)}\,dx = \int f(x)\,dx$$

右辺の原始関数の1つを $F(x)$ とすると

$$\log|h(x)| = F(x) + C$$

$h(x)$ はいま，1つ見つければよいので $C=0$ のときを考えると

$$\log|h(x)| = F(x)$$

$$|h(x)| = e^{F(x)}$$

$$h(x) = \pm\, e^{F(x)}$$

$$\int \frac{f'(x)}{f(x)}\,dx = \log|f(x)| + C$$

$$\log_a b = c \iff b = a^c$$

＋の方のみとって

$$h(x) = e^{F(x)}$$

とすればよいことになる。肩にのっている $F(x)$ は“$f(x)$ の原始関数の1つ”なので

$$\int_p f(x)\,dx$$

と書くことにすると

$$h(x) = e^{\int_p f(x)\,dx}$$

となる。

この $h(x)$ のように，微分方程式にかけると，左辺がちょうどある関数の微分の形になるような関数を**積分因子**という。

準備ができたので，一般解を導いてみよう。　　　　（説明終）

記号 $\int f(x)\,dx$ を
“$f(x)$ の原始関数の1つ”
の意味で使う本が多いので
注意してね。
$\int_p f(x)\,dx$ の記号は
この本のオリジナルよ。

セキブン
インシ？

【定理 2.3 の証明】　1階微分方程式

$$y' + f(x)y = g(x) \quad \cdots (*)$$

の両辺に

$$h(x) = e^{\int_p f(x)\,dx} \quad \cdots ①$$

をかけると

$$(y' + f(x)y)h(x) = g(x)h(x)$$
$$y' \cdot h(x) + f(x)y \cdot h(x) = g(x)h(x)$$
$$y' \cdot h(x) + y \cdot \{f(x)h(x)\} = g(x)h(x) \quad \cdots ②$$

$\int_p f(x)\,dx$ は
"$f(x)$の原始関数の
1つ" の意味よ。

ここで

$$f(x)h(x) = h'(x)$$

である。なぜなら①において

$$u = \int_p f(x)\,dx$$

とおくと

$$h(x) = e^u$$

なので，合成関数の微分公式より

$$h'(x) = (e^u)' \cdot u'$$
$$= e^u \cdot \left\{\int_p f(x)\,dx\right\}' = e^u \cdot f(x)$$
$$= f(x)e^u = f(x)h(x)$$

ゆえに，②の式の左辺を書き直すと

$$y' \cdot h(x) + y \cdot h'(x) = g(x)h(x)$$

積の微分公式より

$$\{y \cdot h(x)\}' = g(x)h(x)$$

となる。両辺を x で積分すると

$$y \cdot h(x) = \int_p g(x)h(x)\,dx + C$$

$$\therefore \quad y = \frac{1}{h(x)}\left\{\int_p g(x)h(x)\,dx + C\right\} \quad (C：任意定数)$$

この関数は任意定数を1つ含むので，一般解である。　　（証明終）

$$(f \cdot g)' = f' \cdot g + f \cdot g'$$

合成関数の微分公式

$y = f(g(x))$

$u = g(x)$ とおくと $y = f(u)$

$y' = f'(u) \cdot u'$

$$F'(x) = f(x) \iff F(x) = \int_p f(x)\,dx$$

$$(e^x)' = e^x$$

例題 17

1 階線形微分方程式

$$y' + y = x \quad \cdots ①$$

の一般解を，積分因子を用いて求めてみよう。また，$y(0) = 1$ をみたす特殊解を求めてみよう。

1 階線形微分方程式

$y' + f(x)y = g(x)$

積分因子

$h(x) = e^{\int_p f(x)\,dx}$

解　$f(x) = 1$，$g(x) = x$ の 1 階線形微分方程式。積分因子 $h(x)$ は

$$h(x) = e^{\int_p f(x)\,dx} = e^{\int_p 1\,dx} = e^x$$

①の両辺に e^x をかけると

$$(y' + y)e^x = xe^x$$

$$y'e^x + ye^x = xe^x \quad \cdots ②$$

この左辺は $(ye^x)'$ になっている。

$$\because) \quad (ye^x)' = y'e^x + y(e^x)' = y'e^x + ye^x$$

積の微分公式

$(f \cdot g)' = f' \cdot g + f \cdot g'$

ゆえに，②を書き直すと

$$(ye^x)' = xe^x$$

部分積分

$\int f' \cdot g\,dx = f \cdot g - \int f \cdot g'\,dx$

両辺を x で積分する。右辺は部分積分を用いて

$$ye^x = \int xe^x\,dx = xe^x - \int e^x\,dx = xe^x - e^x + C$$

$$\therefore \quad ye^x = xe^x - e^x + C$$

両辺を e^x で割って，次の一般解を得る。

$$y = \frac{1}{e^x}(xe^x - e^x + C) \quad (C：任意定数) \quad \cdots ③$$

さらに書き直して，次の形でもよい。

$$y = Ce^{-x} + x - 1 \quad (C：任意定数) \quad \cdots ④$$

次に，初期条件 $y(0)=1$ をみたす特殊解を求める。

$x=0$，$y=1$ を（③または）④に代入すると

$$1=Ce^{-0}+0-1$$

$$1=C\cdot 1-1$$

$$\therefore \quad C=2$$

$e^0=1$

これを④へ代入すると特殊解が求まる。

$$y=2e^{-x}+x-1$$

（解終）

一般解
$y=Ce^{-x}+x-1$
の Ce^{-x} は定数ではないから，他の定数におきかえてはダメよ。

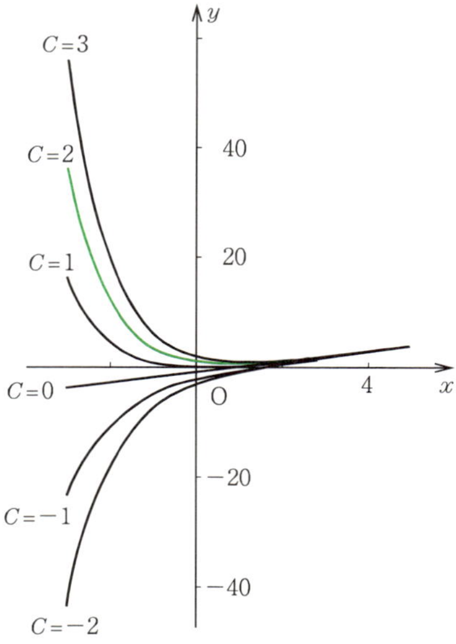

練習問題 17　解答は p. 178

積分因子を用いて，次の微分方程式の一般解を求めなさい。また，与えられた初期条件をみたす特殊解を求めなさい。（いずれも $x>0$ とする。）

（1）　$y'+\dfrac{1}{x}y=\sin x$，　　$y(\pi)=1$

（2）　$xy'-y-x\log x=0$，$y(1)=0$

例題 18

公式を用いて，1階線形微分方程式

$$xy' + y = 2x \quad \cdots ①$$

の一般解を求めてみよう。さらに $y(1)=2$ をみたす特殊解も求めてみよう。

1階線形微分方程式

$$y' + f(x)y = g(x)$$

一般解

$$y = \frac{1}{h(x)}\left\{\int_p g(x)h(x)\,dx + C\right\}$$

ただし　$h(x) = e^{\int_p f(x)dx}$

解　y' の係数を1にしておかないと，一般解の公式は使えない。①の両辺を x で割ると

$$y' + \frac{1}{x}y = 2$$

ゆえに，$f(x)=\frac{1}{x}$，$g(x)=2$ となる。

はじめに $h(x)$ を求めておこう。

$$h(x) = e^{\int_p f(x)\,dx} = e^{\int_p \frac{1}{x}\,dx}$$

$$= e^{\log|x|} = |x| \quad \cdots (\#)$$

(#)　$e^{\log q} = q$

∵)　$p = e^{\log q}$ とおくと

指数と対数の関係

$$b = a^c \iff c = \log_a b$$

より

$$\log q = \log_e p$$

$$\log q = \log p$$

$$\therefore \quad p = q$$

公式に代入して

$$y = \frac{1}{|x|}\left\{\int_p 2\cdot|x|\,dx + C_1\right\}$$

ここで

$$|x| = \begin{cases} +x & (x>0) \\ -x & (x<0) \end{cases} = \pm x$$

より

$$y = \frac{1}{\pm x}\left\{\int_p 2(\pm x)\,dx + C_1\right\} \quad (\text{複号同順})$$

$$= \frac{1}{x}\left\{\int_p 2x\,dx + C\right\} \qquad (\pm C_1 = C)$$

$$= \frac{1}{x}(x^2 + C) = x + \frac{C}{x}$$

ゆえに，一般解は

$$y = x + \frac{C}{x} \quad (C：\text{任意定数})$$

次に，初期条件 $y(1)=2$ をみたす特殊解を求める。

$x=1$，$y=2$ を一般解へ代入。

$$2=1+\frac{C}{1}\quad より\quad C=1$$

これを一般解へ代入すると

$$y=x+\frac{1}{x}$$

これが求める特殊解。（解終）

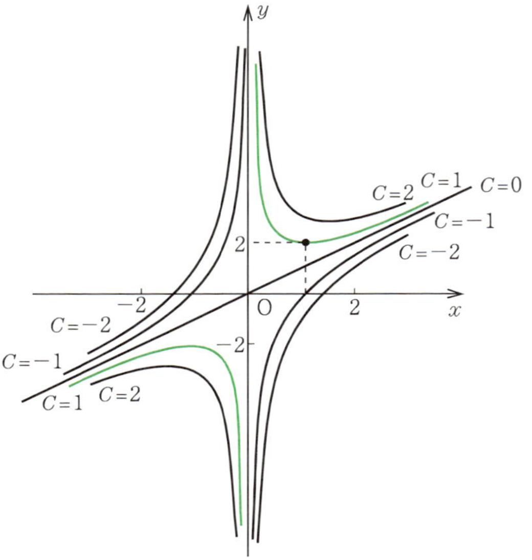

一般解
$y=x+\frac{C}{x}$
において，$\frac{C}{x}$ を別の定数におきかえることはできないのよ。だって，x は変数ですもの。

練習問題 18 解答は p. 180

公式を用いて次の方程式の一般解を求めなさい。また，与えられた初期条件をみたす特殊解も求めなさい。

（1）$\frac{dy}{dx}-\frac{1}{x}y=x^2$，$y(1)=0$　　（2）$xy'+2y=e^{3x}$，$y(1)=0$

脳の不思議も微分方程式で

脳は人類にとって永遠の課題です。現在，世界中の研究者達が，脳の中で起こっているさまざまな現象を数理モデルを作って解明しようとしています。

脳の神経系については，神経細胞における情報の受容，処理，伝達の基本である“イオンチャンネル機構”という構造をベースにしたイオン電流モデルが最も基本的な細胞モデルとなっています。このモデルは，細胞の電気信号がどのようなメカニズムにより発生するのか，イオン電流が細胞の機能にどのようにかかわっているのかを解析する上で，強力な道具となっています。

しかし，この最先端の研究も，もとを正せば，高校や大学で勉強する電気回路にほかなりません。キルヒホッフ(1824〜1887)は，実験の観察により，電気回路に関する次の法則を発見しました。

> 電気回路の任意のループを電流が一巡するとき，
> ループ中の各素子（電池，抵抗器など）における
> 電位差の合計は0である。

右の RC 回路と呼ばれている回路をみてみましょう。スイッチを入れたときを時刻 $t=0$ とし，時刻 t の変化につれて電流 $I=I(t)$ がどのように変化するか調べてみます。

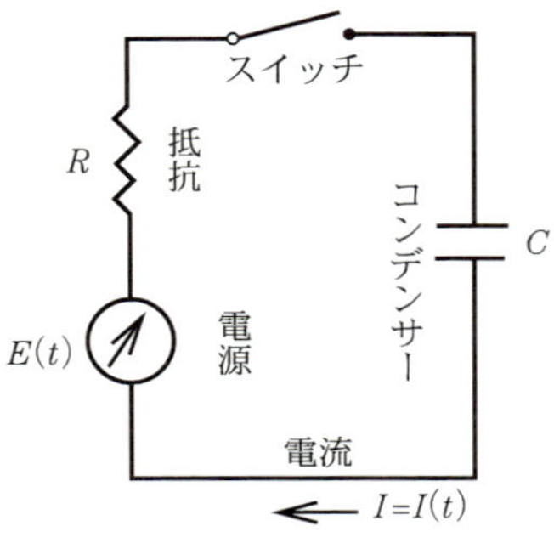

電流とは，単位時間に回路を通って流れる電荷 $q=q(t)$ の流量です。Δt 時間に断面を通過する電荷量が Δq であるとすると，その間の平均電流 $\bar{I}$ は

$$\bar{I}=\frac{\Delta q}{\Delta t}$$

となります。

この平均電流 $\bar{I}$ において，$\varDelta t$ を限りなく0に近づけたとき（$\varDelta t \to 0$），

$$I = \lim_{\varDelta t \to 0} \frac{\varDelta q}{\varDelta t} = \frac{dq}{dt}$$

を瞬間電流 $I = I(t)$ と定義します。

コンデンサーの容量を C，抵抗を R とし，またそれぞれの電圧降下を V_C，V_R とすると，

$$V_C = \frac{q(t)}{C}, \qquad V_R = R \cdot I(t)$$

が成立するので，キルヒホッフの法則を左頁の RC 回路に適用すると

$$R \cdot I(t) + \frac{q(t)}{C} + E(t) = 0$$

が成立します。$I(t)$ に関する方程式にするため，両辺を t で微分すると

$$R\frac{dI(t)}{dt} + \frac{1}{C}\frac{dq(t)}{dt} + \frac{dE(t)}{dt} = 0$$

$\dfrac{dq(t)}{dt} = I(t)$ なので，

$$R\frac{dI(t)}{dt} + \frac{1}{C}I(t) + E'(t) = 0$$

となります。これは，未知関数 $I(t)$ についての1階線形微分方程式です。これを解いて関数 $I(t)$ を求めれば，RC 回路の電流 $I(t)$ の時間的変化が解明されます。

脳におけるイオンチャンネル機構の数理モデルはもっと複雑な電気回路となっていますが，コンピュータの助けを借りながら脳の不思議を解明しようと，生物物理学者達は日夜研究を続けているのです。
（参考書：シリーズ・ニューバイオフィジックス⑧『脳・神経システムの数理モデル』，共立出版）

総合練習 2-2

1. 次の1階線形微分方程式の一般解と，与えられている初期条件のもとでの特殊解を求めなさい。

(1) $y' - y = 0, \qquad y(0) = 1$

(2) $y' - \dfrac{1}{x}y = x^2 + x - 1, \qquad y(1) = 0$

(3) $y' + xy = x, \qquad y(0) = 0$

(4) $y' + \dfrac{1}{x}y = e^{-2x}, \qquad y(1) = 0$

(5) $y' - (\tan x)y = x, \qquad y(0) = 0$

(6) $(1 + x^2)\dfrac{dy}{dx} + 2xy = 1, \qquad y(0) = 0$

(7) $(1 + x^2)\dfrac{dy}{dx} + y = 1, \qquad y(0) = 0$

(8) $x^2 y' - y = -1, \qquad y(1) = 0$

解答は p. 181

2. 微分方程式 $y' - y = 2xy^3$ を次の順に解きなさい。

(1) 変数変換 $u = y^{-2}$ を行い，未知関数 u に関する微分方程式に直しなさい。

(2) (1)で求めた微分方程式を u について解きなさい。

(3) u をもとにもどし，はじめの微分方程式の一般解を求めなさい。

1階線形微分方程式

$$y' + f(x)y = g(x)$$

一般解

$$y = \frac{1}{h(x)}\left\{\int_p g(x)h(x)\,dx + C\right\}$$

$$h(x) = e^{\int_p f(x)dx} \quad \text{(積分因子)}$$

ベルヌーイの方程式

$$y' + f(x)y = g(x)y^k \quad (k \neq 0, 1)$$

の形の方程式を

ベルヌーイの方程式

という。この方程式は

$$u = y^{-k+1}$$

とおくことにより，1階線形微分方程式に直して解くことができる。

第3章

線形微分方程式

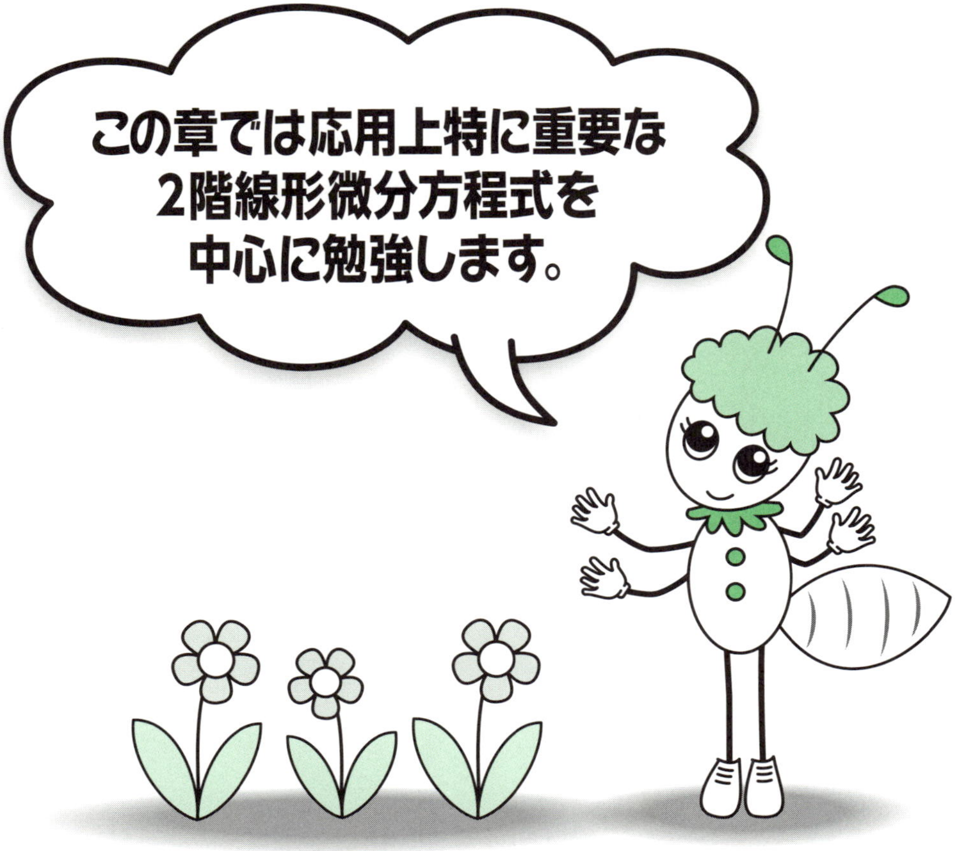

この章では応用上特に重要な
2階線形微分方程式を
中心に勉強します。

§1　線形微分方程式の解

$f_1(x)$, $f_2(x)$, $\cdots$, $f_n(x)$, $g(x)$ を x のみの関数とするとき，

$$y^{(n)}+f_1(x)y^{(n-1)}+\cdots+f_{n-1}(x)y'+f_n(x)y=g(x) \quad \cdots\ (*)$$

の形の微分方程式を **n 階線形微分方程式**という。

n 階線形微分方程式の解の存在と一意性については，次の定理が成立している。

定理 3.1 [解の存在と一意性]

$f_1(x), \cdots, f_n(x)$, $g(x)$ は区間 I で連続とする。

このとき，I 内の点 $x=a$ における

初期条件：　$y(a)=b_0$, $y'(a)=b_1$, $\cdots$, $y^{(n-1)}(a)=b_{n-1}$

のもとで，$(*)$の解は区間 I でただ1つ存在する。

《説明》 本書ではこの定理を証明することはできないが，この定理により，方程式$(*)$の解の存在が保証され，しかも上の初期条件のもとで解はただ1つになる。1階微分方程式 $y'=f(x,y)$ の初期条件は $y(a)=b$ と1つだったが，n 階の微分方程式では，n 個の条件がないと一意的に解は定まらない。条件は定理のような，ある1点での条件の他に，異なった点での条件でもよく，n 個の条件があればよい。　(説明終)

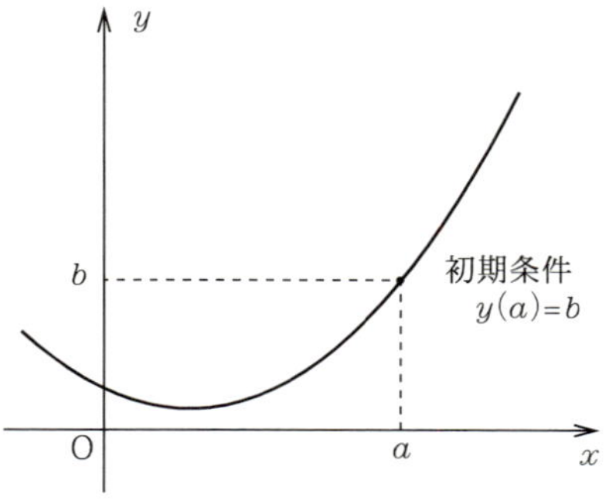

$y'=f(x,y)$

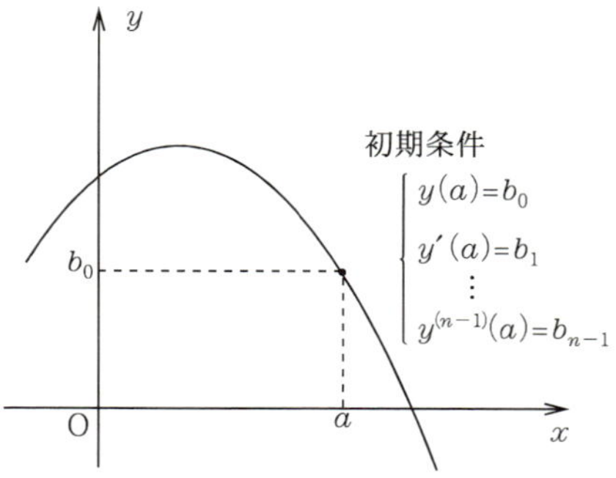

$y^{(n)}+f_1(x)y^{(n-1)}+\cdots+f_n(x)y=g(x)$

1階線形微分方程式のときと同じく，（＊）において

$g(x) \equiv 0$ のとき**同次方程式**

$g(x) \not\equiv 0$ のとき**非同次方程式**

という。

話しを簡単にするために，これより $n=2$ としておこう。一般の n の場合もだいたい同様にいろいろな性質を拡張することができる。

1.1 同次方程式

まず2階線形同次微分方程式

$$y'' + f_1(x)y' + f_2(x)y = 0 \quad \cdots \ (✽)$$

について考えよう。左頁の定理3.1より，初期条件をかえれば，それごとに解が1つ定まる。したがって，特に初期条件を定めなければたくさんの解が存在する。

そこで，関数の集合

$$V = \{\, y \mid y'' + f_1(x)y' + f_2(x)y = 0 \,\}$$
$$= \text{微分方程式(✽)の解関数全体}$$

を考えよう。すると V は

実数上の2次元線形空間（ベクトル空間）

となるのである。つまり V は平面ベクトル全体と全く同じ構造をもっている。このことを順にみていこう。

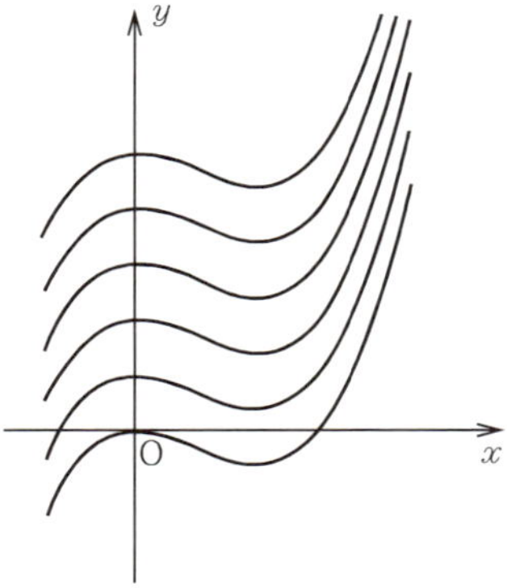

解の関数全体

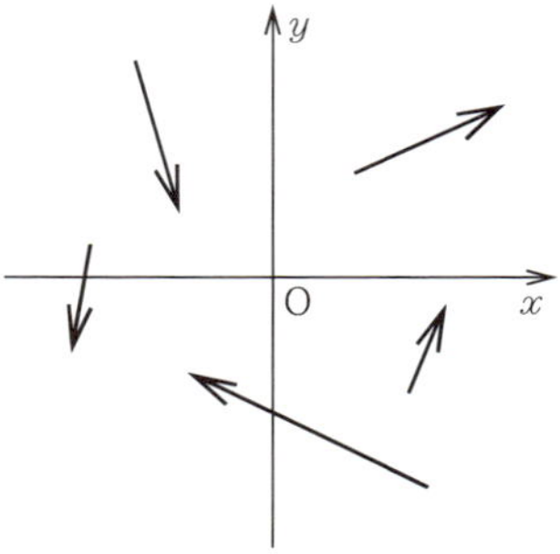

平面ベクトル全体

定理 3.2

V の2つの関数 y_1, y_2 について

（1）　$u = y_1 + y_2$

（2）　$v = ky_1$　（k：実数）

も V の関数である。

同次方程式

$y'' + f_1(x)y' + f_2(x)y = 0$ …（※）

V =（※）の解全体の集合

【証明】　y_1, y_2 は V の関数なので両方とも同次方程式（※）をみたし，次式が成立する。

$$\begin{cases} y_1'' + f_1(x)y_1' + f_2(x)y_1 = 0 & \cdots ① \\ y_2'' + f_1(x)y_2' + f_2(x)y_2 = 0 & \cdots ② \end{cases}$$

（1）　①と②を辺々加えて変形すると

$$\{ y_1'' + f_1(x)y_1' + f_2(x)y_1 \} + \{ y_2'' + f_1(x)y_2' + f_2(x)y_2 \} = 0$$

$$(y_1'' + y_2'') + f_1(x)(y_1' + y_2') + f_2(x)(y_1 + y_2) = 0$$

$$(y_1 + y_2)'' + f_1(x)(y_1 + y_2)' + f_2(x)(y_1 + y_2) = 0$$

$u = y_1 + y_2$ なので

$$u'' + f_1(x)u' + f_2(x)u = 0$$

ゆえに $u = y_1 + y_2$ も方程式（※）をみたすので，V の関数である。

（2）　次に，①の式を k 倍して変形していくと

$$ky_1'' + kf_1(x)y_1' + kf_2(x)y_1 = 0$$

$$(ky_1)'' + f_1(x)(ky_1)' + f_2(x)(ky_1) = 0$$

$v = ky_1$ なので

$$v'' + f_1(x)v' + f_2(x)v = 0$$

ゆえに $v = ky_1$ も方程式（※）をみたすので，V の関数である。　（証明終）

上の定理よりすぐに次の定理が導ける。

定理 3.3 ［重ね合わせの原理］

同次方程式（※）の解である2つの関数 y_1, y_2 に対し，

$$y = C_1y_1 + C_2y_2 \quad (C_1, C_2：実数)$$

の形の関数も（※）の解である。

定理 3.4

2 階線形同次微分方程式

$$y'' + f_1(x)y' + f_2(x)y = 0 \quad \cdots \ (\circledast)$$

の解全体の作る集合 V は実数上の線形空間である。

《説明》　定理 3.2 より V には関数の和とスカラー倍（実数倍）を定義することができる。そして，下の線形空間の［和の公理］と［スカラー倍の公理］をみたすことはすぐに確かめられるので，$(\circledast)$の解全体の作る集合 V は線形空間となる。

ベクトル $\mathbf{0}$ に対応する関数は，常に 0 の値をとるゼロ関数 $O(x)$ である。

本書では混乱のおそれがないときはゼロ関数 $O(x)$ も 0 と書くことにする。

（説明終）

線形空間 V

［和の公理］

V の任意のベクトル $\boldsymbol{a}, \boldsymbol{b}$ に対して和 $\boldsymbol{a}+\boldsymbol{b}$ が定義され，次の性質をみたす。

（1）　$\boldsymbol{a}+\boldsymbol{b}=\boldsymbol{b}+\boldsymbol{a}$

（2）　$(\boldsymbol{a}+\boldsymbol{b})+\boldsymbol{c}=\boldsymbol{a}+(\boldsymbol{b}+\boldsymbol{c})$

（3）　V のすべてのベクトル $\boldsymbol{a}$ に対して

$$\boldsymbol{a}+\mathbf{0}=\mathbf{0}+\boldsymbol{a}$$

となるベクトル $\mathbf{0}$ が存在する。

（4）　V のどのベクトル $\boldsymbol{a}$ に対しても

$$\boldsymbol{a}+\boldsymbol{x_a}=\boldsymbol{x_a}+\boldsymbol{a}=\mathbf{0}$$

をみたすベクトル $\boldsymbol{x_a}$ が存在する。

［スカラー倍の公理］

V の任意のベクトル $\boldsymbol{a}$ と任意の実数 k に対して $\boldsymbol{a}$ のスカラー倍 $k\boldsymbol{a}$ が定義され，次の性質をみたす。

（1）　$k(\boldsymbol{a}+\boldsymbol{b})=k\boldsymbol{a}+k\boldsymbol{b}$

（2）　$(k+l)\boldsymbol{a}=k\boldsymbol{a}+l\boldsymbol{a}$

（3）　$(kl)\boldsymbol{a}=k(l\boldsymbol{a})$

（4）　$1\boldsymbol{a}=\boldsymbol{a}$

この公理をみたして
いればどんな集合も
線形空間となるのね。
だから
関数もベクトル
と考えられるんだわ。

これから必要となる線形代数の性質を，関数の言葉におきかえておこう。

定義

V の2つの関数 y_1, y_2 が，ある区間 I において，少なくとも1つは0でない実数 k_1, k_2 を用いて

$$k_1 y_1 + k_2 y_2 = 0$$

と書けるとき，関数 y_1 と y_2 は I で**線形従属**（**1次従属**）であるという。

また，2つの関数 y_1, y_2 が線形従属でないとき，**線形独立**（**1次独立**）であるという。

《説明》　V の関数を平面上のベクトルにおきかえて考えればよい。

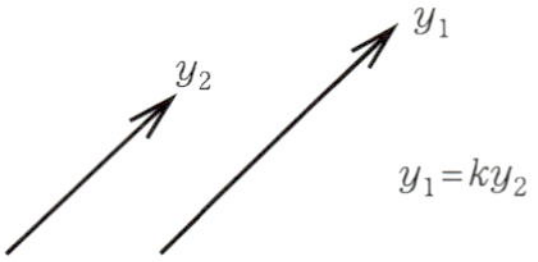

2つの関数 y_1 と y_2 が線形従属のとき，少なくとも1つは0でない実数 k_1, k_2 を使って

$$k_1 y_1 + k_2 y_2 = 0$$

と書けるが，$k_1 \neq 0$ として，この式を書き直すと

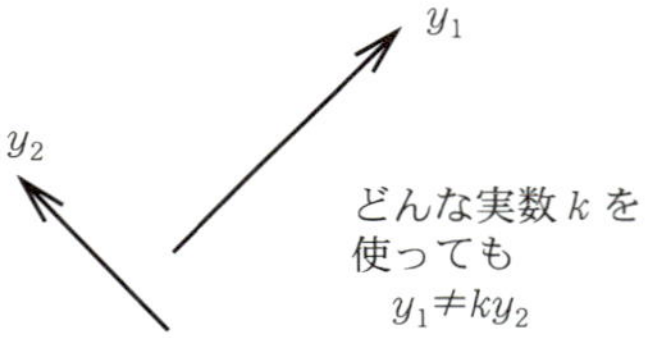

$$y_1 = -\frac{k_2}{k_1} y_2$$

となる。つまりベクトルの言葉でいえば，y_1 と y_2 とは平行な状態のことである。逆に y_1 と y_2 とが平行でなければ線形独立となる。　（説明終）

$\dfrac{y_2}{y_1} = k$ または $\dfrac{y_1}{y_2} = k$　（k：定数）

$\Longleftrightarrow$　y_1 と y_2 は線形従属

線形代数

定義

V のベクトル $\boldsymbol{a}_1, \cdots, \boldsymbol{a}_r$ に対し，少なくとも1つは0でない実数 $k_1, \cdots, k_r$ を用いて

$$k_1 \boldsymbol{a}_1 + \cdots + k_r \boldsymbol{a}_r = \boldsymbol{0}$$

が成立するとき，$\boldsymbol{a}_1, \cdots, \boldsymbol{a}_r$ を**線形従属**(**1次従属**)という。

$\boldsymbol{a}_1, \cdots, \boldsymbol{a}_r$ が線形従属でないとき，**線形独立**(**1次独立**)という。

定理

n 次元の数ベクトル空間 $\boldsymbol{R}^n$ において，n 個のベクトル $\boldsymbol{a}_1, \cdots, \boldsymbol{a}_r$ について，次のことが成立する。

$$\boldsymbol{a}_1, \cdots, \boldsymbol{a}_r : \text{線形独立} \iff |\boldsymbol{a}_1 \ \cdots \ \boldsymbol{a}_r| \neq 0$$

$$\boldsymbol{a}_1, \cdots, \boldsymbol{a}_r : \text{線形従属} \iff |\boldsymbol{a}_1 \ \cdots \ \boldsymbol{a}_r| = 0$$

線形代数で勉強したわね。たとえば『やさしく学べる線形代数』p. 93～103 を見て。

アル，アル
ベンキョー，シタコトアル

解である関数の線形独立，線形従属の判定には，次の定理が使われることも多い。

定理 3.5

同次方程式(✻)の解である関数 y_1, y_2 について

$$W[y_1, y_2] = \begin{vmatrix} y_1 & y_2 \\ y_1' & y_2' \end{vmatrix}$$

とおくとき，考えている区間 I において次の同値関係が成立する。

$$y_1, y_2 \text{ が線形独立} \iff W[y_1, y_2] \neq O(x)$$

《説明》　定理の行列式 $W[y_1, y_2]$ を

関数行列式
ロンスキー行列式
ロンスキアン

などという。

2次の行列式

$$\begin{vmatrix} a & b \\ c & d \end{vmatrix} = ad - bc$$

この定理の証明は連立1次方程式の解と係数の関係を使って証明するが，ここでは省略する。

線形独立，線形従属はなかなかむずかしい概念であるが，ロンスキー行列式 $W[y_1, y_2]$ を使うと計算するだけで判定できるので便利である。使いやすいように，線形独立，線形従属両方の言葉で書いておくと下のようになる。

（説明終）

微分方程式がこんなに線形代数と深い関係にあるとは思わなかったわ。

$$W[y_1, y_2] \neq 0 \iff y_1 \text{ と } y_2 \text{ は線形独立}$$
$$W[y_1, y_2] = 0 \iff y_1 \text{ と } y_2 \text{ は線形従属}$$

定理 3.6

> V には線形独立な 2 つの関数 y_1, y_2 が存在し，V の任意の関数は y_1 と y_2 の線形結合 $y = C_1y_1 + C_2y_2$ (C_1, C_2：実数)でただ 1 通りに表わされる。

【証明】 （i） 存在 —— 線形独立な 2 つの解 y_1, y_2 の存在

（ii） 線形結合 —— 任意の解は $y = C_1y_1 + C_2y_2$ と書ける

（iii） 一意性 —— $y = C_1y_1 + C_2y_2$ の表わし方はただ 1 通り

の順で証明していく。

（i） 存在

定理 3.1 (p. 52) より，微分方程式

$$y'' + f_1(x)y' + f_2(x)y = 0 \quad \cdots (\circledast)$$

の解は，初期条件のもとでただ 1 つ存在する。そこで，考えている区間 I 内の点 a について

初期条件： $y(a) = 1$，$y'(a) = 0$ のもとでの解を y_1

初期条件： $y(a) = 0$，$y'(a) = 1$ のもとでの解を y_2

とすると，y_1 と y_2 は線形独立である。なぜなら，y_1 と y_2 のロンスキー行列式 $W[y_1, y_2]$ を調べてみると

$$W[y_1, y_2] = \begin{vmatrix} y_1 & y_2 \\ y_1' & y_2' \end{vmatrix} = y_1y_2' - y_2y_1'$$

> $W[y_1, y_2] \neq 0$
> $\Longleftrightarrow$ y_1 と y_2 は線形独立

変数 x をおぎなうと

$$W[y_1, y_2] = y_1(x)y_2'(x) - y_2(x)y_1'(x)$$

となる。ここで $x = a$ を代入し，初期条件を入れると

$$W[y_1, y_2]_{x=a} = y_1(a)y_2'(a) - y_2(a)y_1'(a)$$
$$= 1 \cdot 1 - 0 \cdot 0 = 1 \neq 0$$

つまり，区間 I で関数 $W[y_1, y_2]$ には 0 でない所 ($x = a$) があるので

$$W[y_1, y_2] \neq O(x) \qquad (O(x) \text{ は常に } 0 \text{ であるゼロ関数})$$

である。ゆえに，y_1 と y_2 は線形独立である。

これで線形独立な 2 つの解 y_1, y_2 が存在することが示せた。

(ii)　線形結合

次に V の任意の関数 y をとる。y の $x=a$ における初期値を

$$y(a)=C_1, \qquad y'(a)=C_2$$

とし，この C_1, C_2 を使って，関数

$$u=C_1y_1+C_2y_2$$

を考える。両辺を微分すると

$$u'=C_1y_1'+C_2y_2'$$

$x=a$ のときの値を調べると

$$u(a)=C_1y_1(a)+C_2y_2(a)=C_1\cdot 1+C_2\cdot 0=C_1$$
$$u'(a)=C_1y_1'(a)+C_2y_2'(a)=C_1\cdot 0+C_2\cdot 1=C_2$$

つまり，u と y とは初期値が同じである。ゆえに定理3.1(p. 52)の解の一意性より

$$u=y$$

となる。したがって，V の任意の関数 y は，ある定数 C_1, C_2 を使って

$$y=C_1y_1+C_2y_2$$

と書ける。

(iii)　一意性

もし，V の関数 y が

$$\begin{cases} y=C_1y_1+C_2y_2 \\ y=A_1y_1+A_2y_2 \end{cases}$$

$y_1=ky_2$ または $y_2=ky_1$
$\iff$ y_1 と y_2 は線形従属

と2つの線形結合で表わされたとすると，辺々引いて

$$0=(C_1-A_1)y_1+(C_2-A_2)y_2$$

$$C_1 \neq A_1 \text{ とすると } y_1=-\frac{C_2-A_2}{C_1-A_1}y_2$$

$$C_2 \neq A_2 \text{ とすると } y_2=-\frac{C_1-A_1}{C_2-A_2}y_1$$

と，いずれも y_1 と y_2 は線形従属になり矛盾する。ゆえに，

$$C_1=A_1, \qquad C_2=A_2$$

が成立し，$y=C_1y_1+C_2y_2$ と一意的に表わされることが示せた。（証明終）

これで，2階線形同次微分方程式

$$y'' + f_1(x)y' + f_2(x)y = 0 \quad \cdots (✻)$$

の解である関数全体の作る線形空間 V は，2つの線形独立な関数により作り出されることがわかった。したがって V は

2次元の線形空間

である。つまり V は平面ベクトル全体と同じ構造をもっているのである。

線形空間を作り出すもととなるベクトルの組を線形代数では“基底”といったが，微分方程式では **基本解** という。したがって，(✻)の2つの線形独立な関数からなる基本解さえ見つければ，他のすべての解(一般解)もそれらを使って表わすことができるわけである。

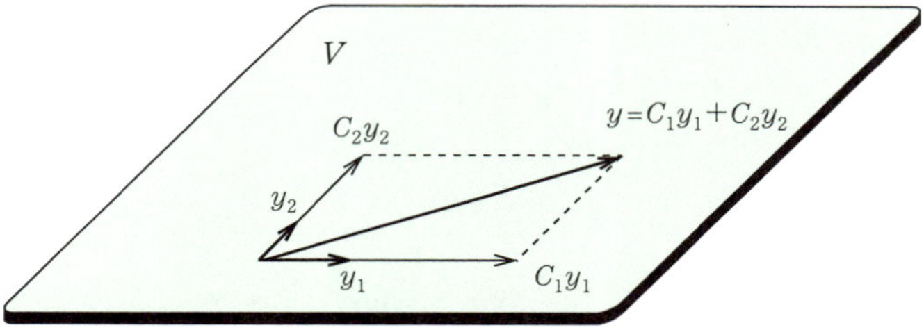

V：$y'' + f_1(x)y' + f_2(x)y = 0$ の解全体

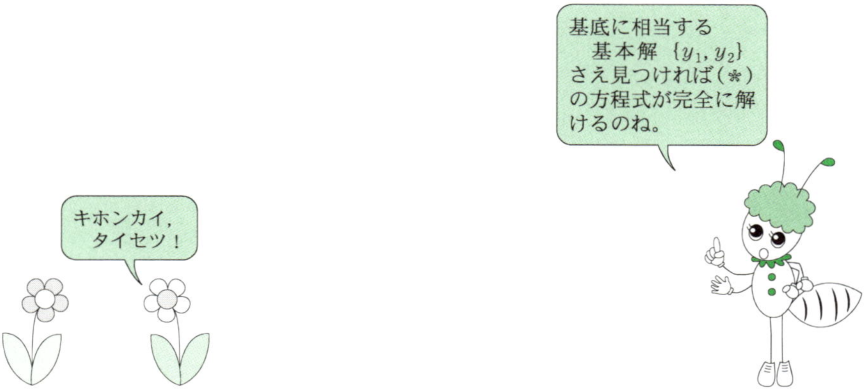
キホンカイ，
タイセツ！
基底に相当する
基本解 $\{y_1, y_2\}$
さえ見つければ(✻)
の方程式が完全に解
けるのね。

例題 19

微分方程式 $y'' - 3y' + 2y = 0 \cdots$ ① と関数 $y_1 = e^x$，$y_2 = e^{2x}$ について

（1） y_1, y_2 は①の解であることを示してみよう。

（2） y_1 と y_2 は任意の区間で線形独立であることをロンスキー行列式を用いて示してみよう。

（3） y_1 と y_2 の線形結合の関数 $y = 2e^x - e^{2x}$ も①の解であることを示してみよう。

解　（1） $y_1 = e^x$，$y_2 = e^{2x}$ がともに方程式①をみたすことを示せばよい。

● $y_1 = e^x$ について

$$y_1' = e^x, \quad y_1'' = e^x$$

なので①の左辺に代入すると

$$\begin{aligned} 左辺 &= y_1'' - 3y_1' + 2y_1 \\ &= e^x - 3e^x + 2e^x = 0 = 右辺 \end{aligned}$$

● $y_2 = e^{2x}$ について

$$y_2' = 2e^{2x}, \quad y_2'' = 4e^{2x}$$

$(e^{ax})' = ae^{ax}$

なので①の左辺に代入して

$$\begin{aligned} 左辺 &= y_2'' - 3y_2' + 2y_2 \\ &= 4e^{2x} - 3 \cdot 2e^{2x} + 2e^{2x} = 0 = 右辺 \end{aligned}$$

ゆえに，y_1, y_2 とも①の解である。

（2） ロンスキー行列式 $W[y_1, y_2]$ を計算すると

$$\begin{aligned} W[y_1, y_2] &= \begin{vmatrix} y_1 & y_2 \\ y_1' & y_2' \end{vmatrix} = \begin{vmatrix} e^x & e^{2x} \\ (e^x)' & (e^{2x})' \end{vmatrix} = \begin{vmatrix} e^x & e^{2x} \\ e^x & 2e^{2x} \end{vmatrix} \\ &= e^x \cdot 2e^{2x} - e^{2x} \cdot e^x = 2e^{x+2x} - e^{2x+x} \\ &= 2e^{3x} - e^{3x} = e^{3x} \end{aligned}$$

$e^a e^b = e^{a+b}$

ゆえに，$W[y_1, y_2]$ は任意の区間 I でゼロ関数 $O(x)$ ではないので，y_1 と y_2 とは線形独立である。

$W[y_1, y_2] \neq 0 \iff y_1, y_2$ は線形独立
$W[y_1, y_2] = 0 \iff y_1, y_2$ は線形従属

2次の行列式

$$\begin{vmatrix} a & b \\ c & d \end{vmatrix} = ad - bc$$

（3）　$y=2e^x-e^{2x}$ が①をみたせばよい。

$$y'=(2e^x-e^{2x})'=2e^x-2e^{2x}$$
$$y''=(2e^x-2e^{2x})'=2e^x-4e^{2x}$$

これらを①の左辺に代入すると

$$\begin{aligned}左辺&=(2e^x-4e^{2x})-3(2e^x-2e^{2x})+2(2e^x-e^{2x})\\&=2e^x-4e^{2x}-6e^x+6e^{2x}+4e^x-2e^{2x}\\&=(2e^x-6e^x+4e^x)+(-4e^{2x}+6e^{2x}-2e^{2x})\\&=0+0=0=右辺\end{aligned}$$

ゆえに，$y=2e^x-e^{2x}$ も①の解である。　（解終）

2つの関数
e^x と e^{2x}
が基本解となれるのね。
でもどうやって見つけるの？

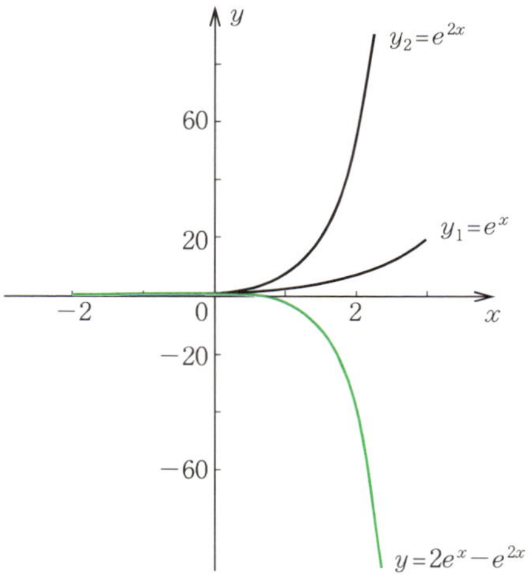

練習問題 19　解答は p. 183

微分方程式 $y''+y=0\cdots$② と関数 $y_1=\sin x$，$y_2=\cos x$ について

（1）　y_1, y_2 は②の解であることを示しなさい。

（2）　y_1 と y_2 は任意の区間 I で線形独立であることをロンスキー行列式を使って示しなさい。

（3）　y_1 と y_2 の線形結合の関数 $y=3\sin x+2\cos x$ も②の解であることを示しなさい。

1.2　非同次方程式

非同次方程式とは
右辺の $g(x)$ が
$g(x) \neq 0$ のとき
だったわ。

次は2階線形非同次微分方程式

$$y'' + f_1(x)y' + f_2(x)y = g(x) \quad \cdots (✽✽)$$

の解について考えよう。

2階線形同次微分方程式がもととなるので，再び

$$y'' + f_1(x)y' + f_2(x)y = 0 \quad \cdots (✽)$$

としておく。

定理 3.7

非同次方程式(✽✽)の1つの特殊解を v とするとき，(✽✽)の任意の解 y は，同次方程式(✽)の基本解 y_1, y_2 を使って

$$y = (C_1y_1 + C_2y_2) + v \quad (C_1, C_2：実数)$$

と書ける。

《説明》　非同次方程式(✽✽)の解全体の作る集合 V' は，もはや線形空間とはならないが，特殊解が1つ見つかれば，任意の解を同次方程式(✽)の解を使って定理のように書くことができる。　（説明終）

【証明】　まず $z = y - v$ とおいて，関数 z について考えよう。

$$z' = y' - v', \qquad z'' = y'' - v''$$

なので，z について(✽✽)または(✽)の左辺を計算してみると

$$z'' + f_1(x)z' + f_2(x)z$$
$$= (y'' - v'') + f_1(x)(y' - v') + f_2(x)(y - v)$$

y と v とを別々にまとめて

$$= \{y'' + f_1(x)y' + f_2(x)y\} - \{v'' + f_1(x)v' + f_2(x)v\}$$

となる。y と v はともに(✽✽)の解なので

$$\begin{cases} y'' + f_1(x)y' + f_2(x)y = g(x) \\ v'' + f_1(x)v' + f_2(x)v = g(x) \end{cases}$$

が成立している。これらを代入すると

$$= g(x) - g(x) = 0$$

つまり

$$z'' + f_1(x)z' + f_2(x)z = 0$$

となった。このことは，$z = y - v$ は同次方程式(✻)の解であることを示している。ゆえに定理 3.6 (p. 59) より，z は線形独立な(✻)の 2 つの解，つまり基本解 y_1, y_2 を使って，y_1 と y_2 の線形結合で

$$z = y - v = C_1y_1 + C_2y_2 \quad (C_1, C_2 \text{ は実数})$$

と書ける。これより，

$$y = (C_1y_1 + C_2y_2) + v$$

となる。　(証明終)

$n = 2$ の場合に，線形微分方程式の解全体のシステムを解明してきたが，一般の n 階線形微分方程式の解についても，n 次元線形空間の性質を使って同様のことが成立している。

しかし，微分方程式の係数とよばれる関数 $f_1(x), \cdots, f_n(x)$, $g(x)$ が一般の場合には，具体的に解こうとすると，なかなかむずかしい。これから，係数が最も簡単な定数の場合での具体的な解き方を勉強していこう。

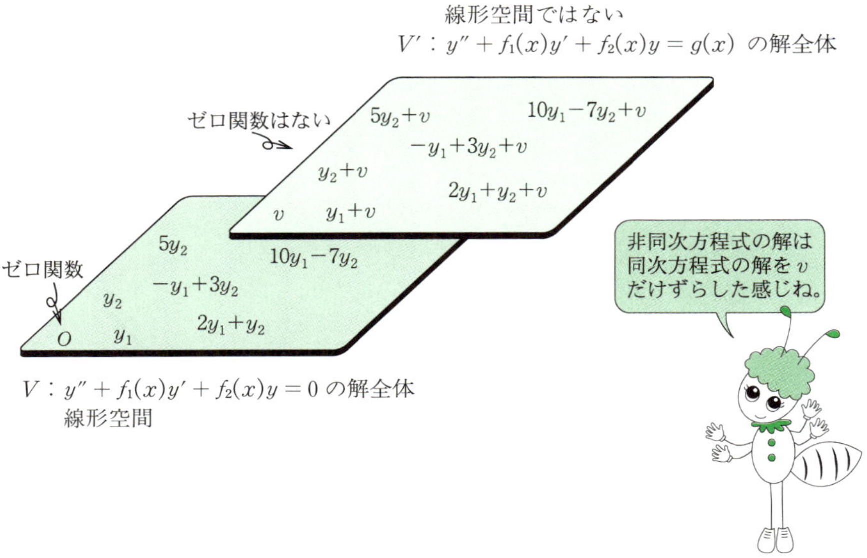

§2　2階定係数線形同次微分方程式

ここでは，2階線形同次微分方程式のうち，係数が定数である

$$y'' + ay' + by = 0 \quad \cdots (♪)$$

の形の微分方程式の解法を学ぼう。

§1の結果より，次のことが成立していた。

定理 3.8

(♪)の一般解 y は，線形独立な2つの解 y_1, y_2 を使って

$$y = C_1y_1 + C_2y_2 \quad (C_1, C_2：任意定数)$$

と書ける。

《説明》　この定理より，同次方程式(♪)を解くには，2つの線形独立な解の組 $\{y_1, y_2\}$ を見つけることが必要となる。この解の組 $\{y_1, y_2\}$ を(♪)の基本解といった。基本解 $\{y_1, y_2\}$ は，(♪)の解全体が作る線形空間の基底に相当するもので，y_1 と y_2 の線形結合で(♪)のすべての解を作ることができる。基本解の組 $\{y_1, y_2\}$ は無数にあるが，1組見つければよい。　（説明終）

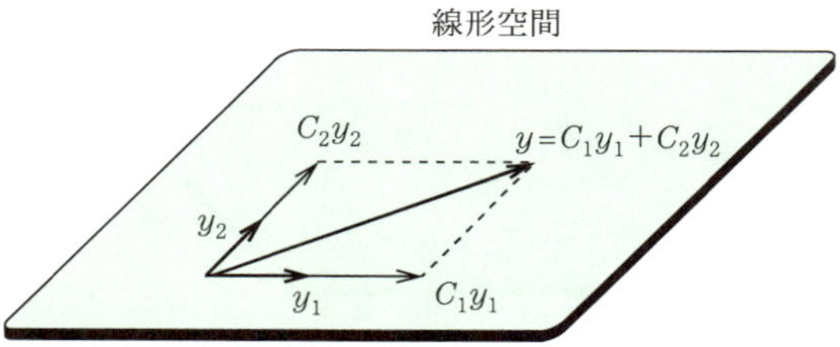

基本解 $\{y_1, y_2\}$ で，すべての解関数を作ることができる。

どのような関数が(♪)の解となるのだろう？

$(e^{ax})' = ae^{ax}$

ここで，指数関数

$$y = e^{\lambda x} \quad (\lambda：定数)$$

を考えてみよう。指数関数は微分すると

$$y' = \lambda e^{\lambda x}, \qquad y'' = \lambda^2 e^{\lambda x}$$

となり，微分するごとに定数λが前に出てくるだけである。これを(♪)の左辺へ代入してみると

$$\begin{aligned} y'' + ay' + by &= (\lambda^2 e^{\lambda x}) + a(\lambda e^{\lambda x}) + b(e^{\lambda x}) \\ &= (\lambda^2 + a\lambda + b)e^{\lambda x} \end{aligned}$$

となる。これが0になれば $y = e^{\lambda x}$ は(♪)の解となれる。$e^{\lambda x} \neq 0$ なので

$$\lambda^2 + a\lambda + b = 0$$

となるλを使えばよい。

この2次方程式が同次方程式(♪)の線形独立な2つの解，つまり基本解を求めるキーとなるので(♪)の**特性方程式**という。

判別式

$x^2 + ax + b = 0$

$D = a^2 - 4b$

微分方程式

$$y'' + ay' + by = 0$$

の特性方程式

$$\lambda^2 + a\lambda + b = 0$$

は2次方程式なので，解は判別式Dにより3種類考えられる。つまり

（i）　$D > 0$ のとき，相異なる2つの実数解

（ii）　$D = 0$ のとき，1つの実数解（重解）

（iii）　$D < 0$ のとき，共役な2つの複素数解

である。これらを順に調べていこう。

2階線形微分方程式が2次方程式と関係があるなんて，驚き！

（i） $\lambda^2 + a\lambda + b = 0$ が相異なる2つの実数解をもつ場合

2つの実数解を $\alpha, \beta\,(\alpha \neq \beta)$ とすると，2つの関数

$$y_1 = e^{\alpha x}, \qquad y_2 = e^{\beta x}$$

は同次方程式(♪)の解である。これらが線形独立であれば，$\{e^{\alpha x}, e^{\beta x}\}$ は基本解となれるのでロンスキー行列式を使って，線形独立か従属かを調べてみよう。

同次方程式
$$y'' + ay' + by = 0 \quad \cdots (♪)$$
の特性方程式
$$\lambda^2 + a\lambda + b = 0$$

$$\begin{aligned} W[y_1, y_2] &= \begin{vmatrix} y_1 & y_2 \\ y_1' & y_2' \end{vmatrix} \\ &= \begin{vmatrix} e^{\alpha x} & e^{\beta x} \\ (e^{\alpha x})' & (e^{\beta x})' \end{vmatrix} \\ &= \begin{vmatrix} e^{\alpha x} & e^{\beta x} \\ \alpha e^{\alpha x} & \beta e^{\beta x} \end{vmatrix} \\ &= e^{\alpha x} \cdot \beta e^{\beta x} - e^{\beta x} \cdot \alpha e^{\alpha x} \\ &= \beta e^{\alpha x + \beta x} - \alpha e^{\alpha x + \beta x} \\ &= \beta e^{(\alpha+\beta)x} - \alpha e^{(\alpha+\beta)x} \\ &= (\beta - \alpha) e^{(\alpha+\beta)x} \end{aligned}$$

ロンスキー行列式

$$W[y_1, y_2] = \begin{vmatrix} y_1 & y_2 \\ y_1' & y_2' \end{vmatrix}$$

2次の行列式

$$\begin{vmatrix} a & b \\ c & d \end{vmatrix} = ad - bc$$

ここで，α と β の条件より $\alpha \neq \beta$ であり，
また $e^{(\alpha+\beta)x} \neq 0$ なので，任意の区間 I において

$$W[y_1, y_2] \neq 0$$

ゆえに，$y_1 = e^{\alpha x}$ と $y_2 = e^{\beta x}$ は線形独立である。これで

$$基本解\ \{e^{\alpha x}, e^{\beta x}\}$$

が見つかった。

$W[y_1, y_2] \neq 0 \iff y_1$ と y_2 は線形独立
$W[y_1, y_2] = 0 \iff y_1$ と y_2 は線形従属

（ii）　$\lambda^2 + a\lambda + b = 0$ が重解（実数）をもつ場合

重解を α とすると，関数

$$y_1 = e^{\alpha x}$$

は同次方程式（♪）の解である。1つしか出てこなかったので，これと線形独立な（♪）の解をもう1つ見つけなくてはならない。

$y_1 = e^{\alpha x}$ は（♪）の解なので，この定数倍 $y = Ce^{\alpha x}$ も線形空間の性質より（♪）の解である。（直接代入して調べてもよい。）

しかし，この形の関数は $y_1 = e^{\alpha x}$ と線形従属なので，y_1 と一緒には基本解とはなれない。そこで C を x の関数 $C(x)$ におきかえ，

$$y_2 = C(x)e^{\alpha x} \quad \cdots ①$$

の形の解がないか探してみよう。

この方法を**定数変化法**という。

①を微分して y_2', y_2'' を求める。積の微分公式より

$$\begin{aligned}
y_2' &= \{C(x)e^{\alpha x}\}' \\
&= C'(x)e^{\alpha x} + C(x)(e^{\alpha x})' \\
&= C'(x)e^{\alpha x} + C(x)\cdot \alpha e^{\alpha x} \\
&= C'(x)e^{\alpha x} + \alpha\cdot C(x)e^{\alpha x} \\
&= \{C'(x) + \alpha C(x)\}e^{\alpha x}
\end{aligned}$$

積の微分

$(f\cdot g)' = f'\cdot g + f\cdot g'$

$(e^{\alpha x})' = \alpha e^{\alpha x}$

$$\begin{aligned}
y_2'' &= [\{C'(x) + \alpha C(x)\}e^{\alpha x}]' \\
&= \{C'(x) + \alpha C(x)\}'e^{\alpha x} + \{C'(x) + \alpha C(x)\}(e^{\alpha x})' \\
&= \{C''(x) + \alpha C'(x)\}e^{\alpha x} + \{C'(x) + \alpha C(x)\}\cdot \alpha e^{\alpha x} \\
&= \{C''(x) + \alpha C'(x) + \alpha C'(x) + \alpha^2 C(x)\}e^{\alpha x} \\
&= \{C''(x) + 2\alpha C'(x) + \alpha^2 C(x)\}e^{\alpha x}
\end{aligned}$$

これらを同次方程式（♪）の左辺に代入してみると

$$\begin{aligned}
&y_2'' + ay_2' + by_2 \\
&\quad = \{C''(x) + 2\alpha C'(x) + \alpha^2 C(x)\}e^{\alpha x} \\
&\qquad + a\{C'(x) + \alpha C(x)\}e^{\alpha x} + bC(x)e^{\alpha x} \\
&\quad = [C''(x) + (2\alpha + a)C'(x) + (\alpha^2 + a\alpha + b)C(x)]e^{\alpha x}
\end{aligned}$$

ここで，α は特性方程式 $\lambda^2+a\lambda+b=0$ の重解だったので

$$\begin{cases} \alpha^2+a\alpha+b=0 \\ 2\alpha=-a \quad (\text{解と係数の関係}) \end{cases}$$

解と係数の関係

$x^2+ax+b=0$

2つの解を α, β とすると

$$\begin{cases} \alpha+\beta=-a \\ \alpha\beta=b \end{cases}$$

が成立している。これらを前頁の最後に代入すると

$$\begin{aligned} y_2''+ay_2'+by_2 \\ &=[C''(x)+0\cdot C'(x)+0\cdot C(x)]e^{\alpha x} \\ &=C''(x)e^{\alpha x} \end{aligned}$$

これが0であれば $y_2=C(x)e^{\alpha x}$ は(♪)の解になれる。$e^{\alpha x}\neq 0$ より

$$C''(x)=0$$

となる関数を求めればよい。両辺を積分して

$$C'(x)=A_1$$

$$C(x)=A_1x+A_2 \quad (A_1, A_2\text{は任意定数})$$

$y_1=e^{\alpha x}$ と線形独立な関数を1つ求めればよいので $A_1=1$，$A_2=0$ とすると

$$C(x)=x$$

となる。そして，あらためて

$$y_2=xe^{\alpha x}$$

とおいておく。

$y_1=e^{\alpha x}$ と $y_2=xe^{\alpha x}$ が線形独立か従属かを調べてみよう。

$$W[y_1, y_2]=\begin{vmatrix} y_1 & y_2 \\ y_1' & y_2' \end{vmatrix}=\begin{vmatrix} e^{\alpha x} & xe^{\alpha x} \\ (e^{\alpha x})' & (xe^{\alpha x})' \end{vmatrix}$$

$(xe^{\alpha x})'$ は積の微分公式を用いて

$$\begin{aligned} &=\begin{vmatrix} e^{\alpha x} & xe^{\alpha x} \\ \alpha e^{\alpha x} & 1\cdot e^{\alpha x}+x\cdot\alpha e^{\alpha x} \end{vmatrix}=\begin{vmatrix} e^{\alpha x} & xe^{\alpha x} \\ \alpha e^{\alpha x} & e^{\alpha x}+\alpha xe^{\alpha x} \end{vmatrix} \\ &=e^{\alpha x}(e^{\alpha x}+\alpha xe^{\alpha x})-xe^{\alpha x}\cdot\alpha e^{\alpha x}=e^{2\alpha x} \end{aligned}$$

ゆえに，任意の区間 I において，$W[y_1, y_2]\neq 0$ となったので，$y_1=e^{\alpha x}$ と $y_2=xe^{\alpha x}$ は線形独立であることがわかった。したがって，

$$\text{基本解は } \{e^{\alpha x}, xe^{\alpha x}\}$$

である。

(iii)　$\lambda^2 + a\lambda + b = 0$ が2つの共役複素数解をもつ場合

2つの共役複素数解を $p + qi$, $p - qi$ (p, q は実数) とすると

$$u_1 = e^{(p+qi)x} \quad と \quad u_2 = e^{(p-qi)x}$$

は同次方程式(♪)の解である。しかし，これは複素関数の解である。

> 同次方程式
> $y'' + ay' + by = 0 \ \cdots$ (♪)

実は，同次方程式(♪)の解全体の作る線形空間を複素関数まで拡張して考えたときの基本解が出て来てしまったのである。

> 複素数
> $\alpha = p + qi$
> (p, q：実数)
> に対して
> $\bar{\alpha} = p - qi$
> を共役(きょうやく)複素数という。

何とか実数の値をとる実関数の解を見つけるには，複素関数についての知識が少し必要となる。はじめに指数法則を用いて u_1, u_2 を変形すると

$$\begin{cases} u_1 = e^{(p+qi)x} = e^{px+qxi} = e^{px}e^{qxi} \\ u_2 = e^{(p-qi)x} = e^{px-qxi} = e^{px}e^{-qxi} \end{cases}$$

> **指数法則**
> $e^{p+q} = e^p e^q$

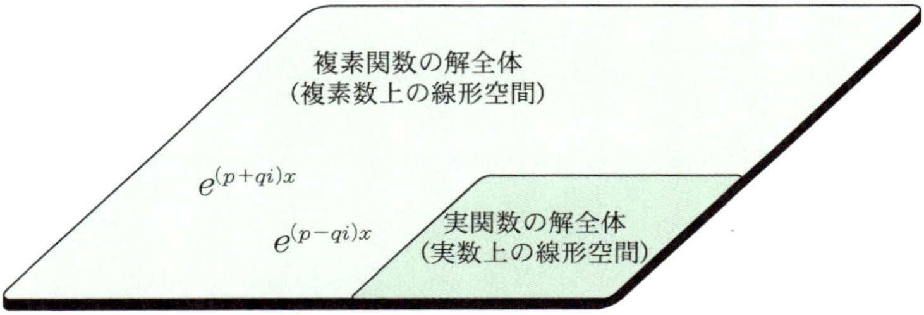

$y'' + ay' + by = 0$ の解全体

次に，オイラーの公式を用いて変形すると

$$\begin{cases} u_1 = e^{px}(\cos qx + i\sin qx) \\ u_2 = e^{px}(\cos qx - i\sin qx) \end{cases}$$

オイラーの公式

$$e^{\theta i} = \cos\theta + i\sin\theta$$
$$e^{-\theta i} = \cos\theta - i\sin\theta$$

ここで解関数全体が複素数を係数として線形空間を作っていることを利用する。つまり，u_1 と u_2 の線形結合はまた，その線形空間の関数なので，線形結合がうまく実関数となるように係数を考える。u_1 と u_2 とは共役であることに注目して

線形結合

複素数上の線形空間において
$$y = C_1y_1 + C_2y_2$$
$(C_1, C_2$：複素数$)$
を y_1 と y_2 の線形結合という。

$$\begin{cases} u_1 + u_2 = 2e^{px}\cos qx \\ u_1 - u_2 = (2e^{px}\sin qx)i \end{cases}$$

$$\therefore \begin{cases} \dfrac{1}{2}(u_1 + u_2) = e^{px}\cos qx \\ \dfrac{1}{2i}(u_1 - u_2) = e^{px}\sin qx \end{cases}$$

これで，2つの実関数である解

$$y_1 = e^{px}\cos qx, \qquad y_2 = e^{px}\sin qx$$

が求まった。これがうまく線形独立なら，基本解とすることができる。ロンスキー行列式を使って調べてみよう。

$$(e^{ax})' = ae^{ax}$$

その前に y_1 と y_2 を微分しておくと

$$\begin{aligned} y_1' &= (e^{px}\cos qx)' \\ &= (e^{px})'\cos qx + e^{px}(\cos qx)' \\ &= pe^{px}\cos qx + e^{px}(-q\sin qx) \\ &= e^{px}(p\cos qx - q\sin qx) \end{aligned}$$

$$(\sin ax)' = a\cos ax$$
$$(\cos ax)' = -a\sin ax$$

$$(f\cdot g)' = f'\cdot g + f\cdot g'$$

$$\begin{aligned} y_2' &= (e^{px}\sin qx)' \\ &= (e^{px})'\sin qx + e^{px}(\sin qx)' \\ &= pe^{px}\sin qx + e^{px}(q\cos qx) \\ &= e^{px}(p\sin qx + q\cos qx) \end{aligned}$$

ゆえに，ロンスキー行列式 $W[y_1, y_2]$ は

$$W[y_1, y_2] = \begin{vmatrix} y_1 & y_2 \\ y_1' & y_2' \end{vmatrix}$$

$$= \begin{vmatrix} e^{px}\cos qx & e^{px}\sin qx \\ e^{px}(p\cos qx - q\sin qx) & e^{px}(p\sin qx + q\cos qx) \end{vmatrix}$$

第1行，第2行からそれぞれ e^{px} をくり出すと

$$= e^{px}\cdot e^{px}\begin{vmatrix} \cos qx & \sin qx \\ p\cos qx - q\sin qx & p\sin qx + q\cos qx \end{vmatrix}$$

行列式を展開して

$$= e^{px+px}\{\cos qx(p\sin qx + q\cos qx)$$
$$- \sin qx(p\cos qx - q\sin qx)\}$$
$$= e^{2px}(p\cos qx\cdot\sin qx + q\cos^2 qx$$
$$- p\sin qx\cdot\cos qx + q\sin^2 qx)$$
$$= e^{2px}(q\cos^2 qx + q\sin^2 qx)$$
$$= qe^{2px}(\cos^2 qx + \sin^2 qx) = qe^{2px}\cdot 1 = qe^{2px}$$

いまは，特性方程式が共役複素数を解にもつ場合なので $q \neq 0$ である。また，$e^{2px} \neq 0$ なので，任意の区間 I で

$\sin^2\theta + \cos^2\theta = 1$

$$W[y_1, y_2] \neq 0$$

となった。これで y_1, y_2 は線形独立であることが示せたので，

基本解　$\{e^{px}\cos qx,\ e^{px}\sin qx\}$

が見つかった。

以上で特性方程式の3種類の解について，同次方程式(♪)の基本解を見つけることができた。これらを次頁にまとめておく。

行列式の変形規則を忘れていたら，線形代数の本を見直してね。
たとえば『やさしく学べる線形代数』p. 60 を見てね。

ヤット
ミツカッタ！

定理 3.9

同次微分方程式

$$y'' + ay' + by = 0 \quad \cdots (♪)$$

の基本解と一般解は，特性方程式の解の種類により，次のように求められる。

特性方程式の解の種類と基本解，一般解

特性方程式 $\lambda^2 + a\lambda + b = 0$	基本解の組	一般解（C_1, C_2：任意定数）
（i）　2 つの実数解 $\lambda = \alpha, \beta$	$\{e^{\alpha x}, e^{\beta x}\}$	$y = C_1 e^{\alpha x} + C_2 e^{\beta x}$
（ii）　重解 $\lambda = \alpha$	$\{e^{\alpha x}, xe^{\alpha x}\}$	$y = C_1 e^{\alpha x} + C_2 xe^{\alpha x} = (C_1 + C_2 x)e^{\alpha x}$
（iii）　共役複素数解 $\lambda = p \pm qi$	$\{e^{px}\cos qx, e^{px}\sin qx\}$	$y = C_1 e^{px}\cos qx + C_2 e^{px}\sin qx = e^{px}(C_1\cos qx + C_2 \sin qx)$

《説明》　この結果を使えば，同次方程式(♪)を，全く積分を使わずに解くことができる。しかし，結果を使って形式的計算だけで解くことは簡単であるが，この定理を導くために，微分積分，線形代数，複素数などのさまざまな知識が必要であったことを忘れないでおいてほしい。　（説明終）

例題 20

次の微分方程式を解いてみよう。

（1）　$y'' - 5y' + 6y = 0$　　　（2）　$y'' + 4y' + 4y = 0$

解　まず微分方程式の特性方程式を求めよう。

（1）　特性方程式は

$$\lambda^2 - 5\lambda + 6 = 0$$

因数分解して解くと

$$(\lambda - 2)(\lambda - 3) = 0 \qquad \therefore \quad \lambda = 2,\ 3 \quad \text{(2つの実数解)}$$

これより基本解は $\{e^{2x}, e^{3x}\}$ なので一般解は

$$y = C_1 e^{2x} + C_2 e^{3x} \quad (C_1, C_2 : \text{任意定数})$$

（2）　特性方程式は

$$\lambda^2 + 4\lambda + 4 = 0$$

因数分解して解くと

$$(\lambda + 2)^2 = 0 \qquad \therefore \quad \lambda = -2 \quad \text{(重解)}$$

これより基本解は $\{e^{-2x}, xe^{-2x}\}$ なので一般解は

$$y = C_1 e^{-2x} + C_2 x e^{-2x} \quad (C_1, C_2 : \text{任意定数})$$

または

$$y = (C_1 + C_2 x) e^{-2x} \quad (C_1, C_2 : \text{任意定数})$$

（解終）

こんなに簡単に解けてしまうなんて！
苦労して定理 3.9 を導いた結果ね。

練習問題 20

解答は p. 183

次の微分方程式を解きなさい。

（1）　$y'' - 6y' + 5y = 0$　　　（2）　$y'' - 6y' + 9y = 0$

（3）　$y'' + y' = 0$　　　（4）　$y'' - 2y' + y = 0$

例題 21

次の微分方程式を解いてみよう。

（1）$y'' - 4y' + 8y = 0$　　（2）$y'' + 4y = 0$

解の公式

■ $ax^2 + bx + c = 0$

$$x = \frac{-b \pm \sqrt{b^2 - 4ac}}{2a}$$

■ $ax^2 + 2b'x + c = 0$

$$x = \frac{-b' \pm \sqrt{b'^2 - ac}}{a}$$

解　（1）特性方程式を求めて解くと

$$\lambda^2 - 4\lambda + 8 = 0$$

解の公式より

$$\lambda = \frac{-(-2) \pm \sqrt{(-2)^2 - 1 \cdot 8}}{1}$$

$$= 2 \pm \sqrt{-4} = 2 \pm \sqrt{4}\, i$$

$$= 2 \pm 2i \quad (p = 2,\ q = 2 \text{ の共役複素数解})$$

$a > 0$ のとき $\sqrt{-a} = \sqrt{a}\, i$

ゆえに，基本解は $\{e^{2x}\cos 2x,\ e^{2x}\sin 2x\}$ なので，一般解は

$$y = C_1 e^{2x}\cos 2x + C_2 e^{2x}\sin 2x$$
$$= e^{2x}(C_1\cos 2x + C_2\sin 2x) \quad (C_1, C_2：\text{任意定数})$$

（2）特性方程式を作るときに気をつけよう。特性方程式は

$$\lambda^2 + 4 = 0$$

$e^0 = 1$

移項して解くと

$$\lambda^2 = -4$$

$$\lambda = \pm\sqrt{-4} = \pm\sqrt{4}\, i$$

$$= \pm 2i = 0 \pm 2i \quad (p = 0,\ q = 2 \text{ の共役複素数解})$$

これより基本解は

$$\{e^{0\cdot x}\cos 2x,\ e^{0\cdot x}\sin 2x\} = \{\cos 2x,\ \sin 2x\}$$

一般解は

$$y = C_1\cos 2x + C_2\sin 2x \quad (C_1, C_2：\text{任意定数})$$

（解終）

練習問題 21　解答は p. 184

次の微分方程式を解きなさい。

（1）$y'' + 2y' + 5y = 0$　　（2）$y'' + y' + y = 0$　　（3）$y'' + 9y = 0$

例題 22

次の初期値問題を解いてみよう。

$$y'' - 3y' + 2y = 0, \quad y(0) = 0, \quad y'(0) = 1$$

解　まず一般解を求める。特性方程式を求めて解くと

$$\lambda^2 - 3\lambda + 2 = 0 \longrightarrow (\lambda - 2)(\lambda - 1) = 0 \longrightarrow \lambda = 2,\ 1$$

これより基本解は $\{e^{2x}, e^x\}$ なので，一般解は

$$y = C_1 e^{2x} + C_2 e^x \quad (C_1, C_2：任意定数) \quad \cdots ①$$

ここで初期条件を代入する。

y' についての条件があるので一般解を微分しておくと

$$y' = (C_1 e^{2x} + C_2 e^x)' = 2C_1 e^{2x} + C_2 e^x \quad \cdots ②$$

初期条件は $x = 0$ のとき $y = 0$，$y' = 1$ ということなので

①に $x = 0$ を代入して

$$y = C_1 e^{2\cdot 0} + C_2 e^0 = C_1 \cdot 1 + C_2 \cdot 1$$
$$= C_1 + C_2 = 0$$

②に $x = 0$ を代入して

$$y' = 2C_1 e^{2\cdot 0} + C_2 e^0 = 2C_1 \cdot 1 + C_2 \cdot 1$$
$$= 2C_1 + C_2 = 1$$

これらを連立させて，C_1, C_2 を求める。

$$\begin{cases} C_1 + C_2 = 0 \\ 2C_1 + C_2 = 1 \end{cases} \longrightarrow \begin{cases} C_1 = 1 \\ C_2 = -1 \end{cases}$$

求まった C_1, C_2 を一般解①に代入すると

$$y = 1 \cdot e^{2x} - 1 \cdot e^x = e^{2x} - e^x$$

ゆえに，求める特殊解は

$$y = e^{2x} - e^x$$

（解終）

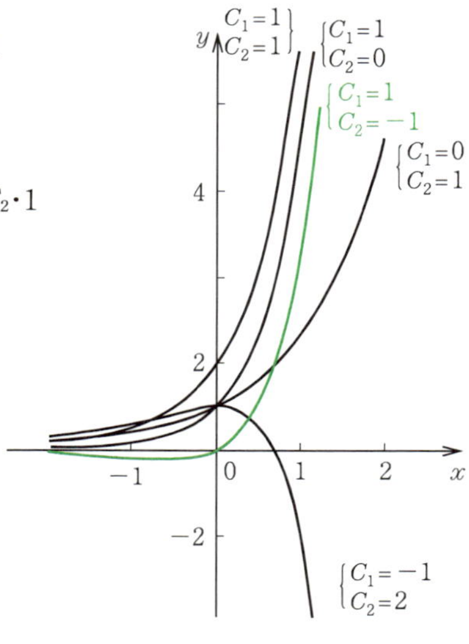

練習問題 22　解答は p. 184

次の初期値問題を解きなさい。

（1）　$y'' - 3y' - 10y = 0, \quad y(0) = 0,\ y'(0) = 7$

（2）　$y'' - 4y' + 4y = 0, \quad y(0) = 1,\ y'(0) = 0$

（3）　$y'' + 4y' + 5y = 0, \quad y(0) = 1,\ y'(0) = 0$

§3　2階定係数線形非同次微分方程式

今度は

$$y'' + ay' + by = g(x) \quad (g(x) \not\equiv 0) \quad \cdots (♬)$$

の形の微分方程式を解こう。

定理 3.7(p. 64) より，非同次方程式(♬)の解は同次方程式

$$y'' + ay' + by = 0 \quad \cdots (♪)$$

の解と深い関係があった。つまり

(♬)の一般解 = (♪)の一般解 + (♬)の特殊解

と書けるのであった。

同次方程式(♪)の一般解は，§2 ですでに求めてあったので，あとは非同次方程式(♬)の特殊解を何とか1つ見つければ，完全に非同次方程式(♬)を解くことができる。

これから，2通りの特殊解の求め方を紹介しよう。

3.1　未定係数法

非同次方程式(♬)における右辺 $g(x)$ が

x の多項式，　$e^{\alpha x}$，　$\sin \beta x$，　$\cos \beta x$

や，これらの組み合わせでできている場合，(♬)の1つの特殊解 $v(x)$ をだいたい予測することができる。しかし，同次方程式(♪)の基本解の線形結合は非同次方程式(♬)の解にはなりえないので，$g(x)$ と(♪)の特性方程式

$$\lambda^2 + a\lambda + b = 0$$

の解との関係により，(♬)の特殊解の形も異なってくる。

右頁に，$g(x)$ および特性方程式の解と特殊解 $v(x)$ の型を示してある。これを見ながら，**未定係数法** で各定数を決定し，(♬)の特殊解 $v(x)$ を1つ求めよう。

特殊解の型

	$g(x)$ の型	$\lambda^2 + a\lambda + b = 0$ の解	特殊解 $v(x)$ の型
I	$p_n(x)$	(i)　$\lambda \neq 0$ (ii)　$\lambda = 0$　(単解) (iii)　$\lambda = 0$　(2 重解)	$P_n(x)$ $xP_n(x)$ $x^2 P_n(x)$
II	$p_n(x)e^{\alpha x}$	(i)　$\lambda \neq \alpha$ (ii)　$\lambda = \alpha$　(単解) (iii)　$\lambda = \alpha$　(2 重解)	$P_n(x)e^{\alpha x}$ $xP_n(x)e^{\alpha x}$ $x^2 P_n(x)e^{\alpha x}$
III	$p_n(x)\sin\beta x$ or $p_n(x)\cos\beta x$	(i)　$\lambda \neq i\beta$ (ii)　$\lambda = i\beta$	$P_n(x)\cos\beta x + Q_n(x)\sin\beta x$ $x\{P_n(x)\cos\beta x + Q_n(x)\sin\beta x\}$
IV	$p_n(x)e^{\alpha x}\sin\beta x$ or $p_n(x)e^{\alpha x}\cos\beta x$	(i)　$\lambda \neq \alpha \pm i\beta$ (ii)　$\lambda = \alpha \pm i\beta$	$e^{\alpha x}\{P_n(x)\cos\beta x + Q_n(x)\sin\beta x\}$ $xe^{\alpha x}\{P_n(x)\cos\beta x + Q_n(x)\sin\beta x\}$

ただし，

$$p_n(x) = k_n x^n + k_{n-1}x^{n-1} + \cdots + k_1 x + k_0,$$

$$\begin{cases} P_n(x) = A_n x^n + A_{n-1}x^{n-1} + \cdots + A_1 x + A_0 \\ Q_n(x) = B_n x^n + B_{n-1}x^{n-1} + \cdots + B_1 x + B_0 \end{cases}$$

いずれも n 次多項式である。

n=0 のときは $P_n(x)$
は 0 次多項式
つまり，定数
$P_0(x)=A_0$
$Q_0(x)=B_0$
となるのよ。

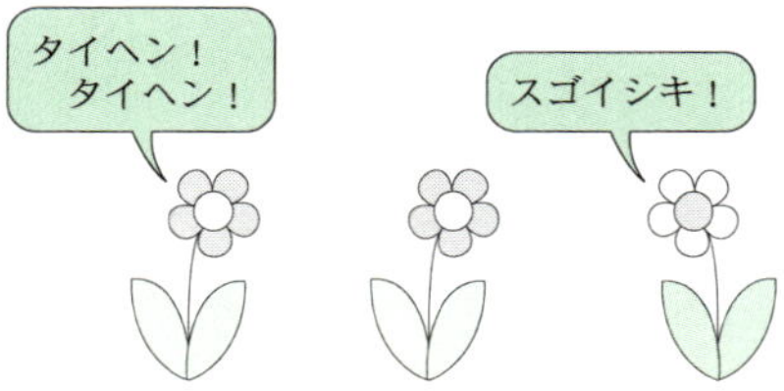
タイヘン！
タイヘン！
スゴイシキ！

例題 23

次の微分方程式の特殊解 $v(x)$ を未定係数法で求め，一般解を求めてみよう。

（1）　$y'' + 3y' + 2y = x$　…①　$(v(x) = A_1x + A_0)$

（2）　$y'' - 2y' = 6$　…②　$(v(x) = A_0x)$

解　（1）　同次方程式

$$y'' + 3y' + 2y = 0 \quad \cdots ①'$$

の特性方程式を作って解くと

$$\lambda^2 + 3\lambda + 2 = 0 \longrightarrow (\lambda + 2)(\lambda + 1) = 0 \longrightarrow \lambda = -2,\ -1$$

したがって，①′ の基本解は $\{e^{-2x}, e^{-x}\}$ となり，一般解は

$$y = C_1e^{-2x} + C_2e^{-x} \quad (C_1, C_2：任意定数)$$

である。

次に非同次方程式①の特殊解 $v(x)$ を1つ求める。

$v(x) = A_1x + A_0$　(p. 79，I（i），$n = 1$ の場合)

とおいて微分方程式①をみたすように定数 A_1, A_0 を定める。

$$v'(x) = (A_1x + A_0)' = A_1$$
$$v''(x) = A_1{}' = 0$$

これらを微分方程式①へ代入すると

$$\begin{aligned} v''(x) + 3v'(x) + 2v(x) &= 0 + 3A_1 + 2(A_1x + A_0) \\ &= (2A_1)x + (3A_1 + 2A_0) \end{aligned}$$

これが①の右辺の多項式 x に等しくなるためには

$$\begin{cases} 2A_1 = 1 \\ 3A_1 + 2A_0 = 0 \end{cases} \longrightarrow A_1 = \frac{1}{2},\ A_0 = -\frac{3}{4}$$

$$\therefore \quad v(x) = \frac{1}{2}x - \frac{3}{4} = \frac{1}{4}(2x - 3)$$

これより，①の一般解は次のようになる。

$$y = C_1e^{-2x} + C_2e^{-x} + \frac{1}{4}(2x - 3) \quad (C_1, C_2：任意定数)$$

多項式は微分すると
次数が下がるので，
①の左辺を計算して
x となる関数 $v(x)$
は
“1次の多項式”
なのね。

（2）　同次方程式

$$y'' - 2y' = 0 \quad \cdots ②'$$

の特性方程式を作って解くと

$$\lambda^2 - 2\lambda = 0 \;\longrightarrow\; \lambda(\lambda - 2) = 0 \;\longrightarrow\; \lambda = 0,\ 2$$

したがって，②′ の基本解は $\{e^{0\cdot x}, e^{2\cdot x}\} = \{1, e^{2x}\}$ であり，一般解は

$$y = C_1\cdot 1 + C_2 e^{2x} = C_1 + C_2 e^{2x} \quad （C_1, C_2：任意定数）$$

である。

次に非同次方程式②の特殊解 $v(x)$ を 1 つ求める。

$$v(x) = x\cdot A_0 = A_0 x \quad （\text{p. 79, I (ii)}, n = 0 \text{ の場合}）$$

とおいて微分方程式②をみたすように定数 A_0 を定める。

$v(x)=A_0$ (定数) は同次方程式の解なので，非同次方程式の解にはなれないんだわ。

$$v'(x) = (A_0 x)' = A_0$$
$$v''(x) = A_0' = 0$$

②の左辺に代入すると

$$v''(x) - 2v'(x) = 0 - 2\cdot A_0 = -2A_0$$

これが②の右辺 6 に等しくなるためには

$$-2A_0 = 6 \;\longrightarrow\; A_0 = -3$$
$$\therefore\ v(x) = -3x$$

これより，②の一般解は

$$y = C_1 + C_2 e^{2x} - 3x \quad （C_1, C_2：任意定数）$$

（解終）

［非同次の一般解］
＝［同次の一般解］＋［非同次の特殊解］

練習問題 23 解答は p. 186

次の微分方程式を解きなさい。

（1）　$y'' - 7y' - 8y = 8x^2 - 2x \quad (v(x) = A_2x^2 + A_1x + A_0)$

（2）　$y'' + 3y' = 6x \quad (v(x) = x(A_1x + A_0))$

例題 24

次の微分方程式を解いてみよう。

（1）　$y'' - 3y' + 2y = e^{-x}$　　$\cdots$ ①　（$v(x) = A_0 e^{-x}$）

（2）　$y'' - 3y' + 2y = 2xe^{x}$　$\cdots$ ②　（$v(x) = x(A_1 x + A_0)e^{x}$）

解　①, ②ともに同次方程式は

$(e^{ax})' = ae^{ax}$

$$y'' - 3y' + 2y = 0 \quad \cdots ③$$

である。特性方程式を作って解くと

$$\lambda^2 - 3\lambda + 2 = 0 \quad \longrightarrow \quad (\lambda - 2)(\lambda - 1) = 0 \quad \longrightarrow \quad \lambda = 1,\ 2$$

ゆえに，③の基本解は $\{e^{x}, e^{2x}\}$ となり，一般解は

$$y = C_1 e^{x} + C_2 e^{2x} \quad (C_1, C_2 : \text{任意定数})$$

である。

（1）　まず特殊解 $v(x)$ を求める。

$v(x) = A_0 e^{-x}$　（p. 79，II（i），$n = 0$ の場合）

とおいて①に代入し，A_0 を決定する。

$$v'(x) = (A_0 e^{-x})' = -A_0 e^{-x}$$

$$v''(x) = (-A_0 e^{-x})' = A_0 e^{-x}$$

①の左辺に代入すると

$$\begin{aligned} & v''(x) - 3v'(x) + 2v(x) \\ &= A_0 e^{-x} - 3\cdot(-A_0 e^{-x}) + 2\cdot A_0 e^{-x} \\ &= A_0 e^{-x} + 3A_0 e^{-x} + 2A_0 e^{-x} \\ &= 6A_0 e^{-x} \end{aligned}$$

「−1」は特性方程式
の解ではないから，
A_0e^{-x} の形の解は
同次方程式の解には
ならないのね。

これが①の右辺 e^{-x} に等しくなるには

$$6A_0 = 1 \quad \longrightarrow \quad A_0 = \frac{1}{6}$$

$$\therefore \quad v(x) = \frac{1}{6} e^{-x}$$

ゆえに，①の一般解は

$$y = C_1 e^{x} + C_2 e^{2x} + \frac{1}{6} e^{-x} \quad (C_1, C_2 : \text{任意定数})$$

（2）　まず特殊解 $v(x)$ を求める。

$$v(x) = x(A_1x + A_0)e^x = (A_1x^2 + A_0x)e^x$$ （p. 79，II（ii），$n=1$ の場合）

$$\begin{aligned} v'(x) &= \{(A_1x^2 + A_0x)e^x\}' \\ &= (A_1x^2 + A_0x)'e^x + (A_1x^2 + A_0x)(e^x)' \\ &= (2A_1x + A_0)e^x + (A_1x^2 + A_0x)e^x \\ &= \{A_1x^2 + (2A_1 + A_0)x + A_0\}e^x \end{aligned}$$

$(f \cdot g)' = f' \cdot g + f \cdot g'$

$$\begin{aligned} v''(x) &= [\{A_1x^2 + (2A_1 + A_0)x + A_0\}e^x]' \\ &= \{A_1x^2 + (2A_1 + A_0)x + A_0\}'e^x + \{A_1x^2 + (2A_1 + A_0)x + A_0\}(e^x)' \\ &= \{2A_1x + (2A_1 + A_0)\}e^x + \{A_1x^2 + (2A_1 + A_0)x + A_0\}e^x \\ &= \{A_1x^2 + (4A_1 + A_0)x + (2A_1 + 2A_0)\}e^x \end{aligned}$$

これらを②の左辺に代入すると

$$\begin{aligned} &v''(x) - 3v'(x) + 2v(x) \\ &\quad = \{A_1x^2 + (4A_1 + A_0)x + (2A_1 + 2A_0)\}e^x \\ &\qquad - 3\{A_1x^2 + (2A_1 + A_0)x + A_0\}e^x + 2(A_1x^2 + A_0x)e^x \\ &\quad = \{-2A_1x + (2A_1 - A_0)\}e^x \end{aligned}$$

これが②の右辺 $2xe^x$ に等しくなるには

$$\begin{cases} -2A_1 = 2 \\ 2A_1 - A_0 = 0 \end{cases} \quad \text{これを解くと} \quad \begin{cases} A_0 = -2 \\ A_1 = -1 \end{cases}$$

$$\therefore \quad v(x) = x(-x-2)e^x = -x(x+2)e^x$$

ゆえに，②の一般解は

$$y = C_1e^x + C_2e^{2x} - x(x+2)e^x \quad (C_1, C_2 : \text{任意定数})$$ （解終）

練習問題 24　解答は p. 187

次の微分方程式を解きなさい。

（1）　$y'' + 9y = 10xe^x$　　$(v(x) = (A_1x + A_0)e^x)$

（2）　$y'' - 7y' + 10y = e^{2x}$　$(v(x) = A_0xe^{2x})$

（3）　$y'' - 4y' + 4y = e^{2x}$　$(v(x) = A_0x^2e^{2x})$

例題 25

次の微分方程式を解いてみよう。

（1）　$y'' + y = \sin 2x$　…①　$(v(x) = A\cos 2x + B\sin 2x)$

（2）　$y'' + y = \sin x$　…②　$(v(x) = x(A\cos x + B\sin x))$

> $(\sin ax)' = a\cos ax$
> $(\cos ax)' = -a\sin ax$

解　①, ②いずれも同次方程式は

$$y'' + y = 0 \quad \cdots ③$$

である。特性方程式を作って解くと,

$$\lambda^2 + 1 = 0 \quad \longrightarrow \quad \lambda = \pm i \quad (p = 0,\ q = 1)$$

ゆえに, ③の基本解は　$\{e^{0\cdot x}\sin 1\cdot x,\ e^{0\cdot x}\cos 1\cdot x\} = \{\sin x,\ \cos x\}$

一般解は

$$y = C_1 \sin x + C_2 \cos x \quad (C_1, C_2 : \text{任意定数})$$

である。

（1）　①の特殊解 $v(x)$ を求める。

$$v(x) = A\cos 2x + B\sin 2x \quad (\text{p. 79, III(i)},\ n = 0 \text{の場合})$$

とおいて, 定数 A, B を定める。

$$v'(x) = (A\cos 2x + B\sin 2x)' = -2A\sin 2x + 2B\cos 2x$$

$$v''(x) = (-2A\sin 2x + 2B\cos 2x)' = -4A\cos 2x - 4B\sin 2x$$

①の左辺に代入して

$$\begin{aligned} v''(x) + v(x) &= (-4A\cos 2x - 4B\sin 2x) + (A\cos 2x + B\sin 2x) \\ &= (-3A)\cos 2x + (-3B)\sin 2x \end{aligned}$$

これが①の右辺 $\sin 2x$ に等しくなるには

$$\begin{cases} -3A = 0 \\ -3B = 1 \end{cases} \quad \text{これより} \quad A = 0,\ B = -\frac{1}{3}$$

ゆえに

$$v(x) = -\frac{1}{3}\sin 2x$$

①の一般解は

$$y = C_1 \sin x + C_2 \cos x - \frac{1}{3}\sin 2x \quad (C_1, C_2 : \text{任意定数})$$

（2）　②の特殊解 $v(x)$ を求める。

$$v(x)=x(A\cos x+B\sin x)\quad (\text{p. 79, III(ii)}, \ n=0 \text{ の場合})$$

とおいて，A, B を定める。積の微分公式を使って

$$\begin{aligned} v'(x) &= x'(A\cos x+B\sin x)+x(A\cos x+B\sin x)' \\ &= (A\cos x+B\sin x)+x(-A\sin x+B\cos x) \\ v''(x) &= (A\cos x+B\sin x)'+\{x(-A\sin x+B\cos x)\}' \\ &= (A\cos x+B\sin x)' \\ &\quad +\{x'(-A\sin x+B\cos x)+x(-A\sin x+B\cos x)'\} \\ &= (-A\sin x+B\cos x) \\ &\quad +(-A\sin x+B\cos x)+x(-A\cos x-B\sin x) \\ &= 2(-A\sin x+B\cos x)+x(-A\cos x-B\sin x) \end{aligned}$$

②の左辺を代入して

$$\begin{aligned} v''(x)+v(x) &= \{2(-A\sin x+B\cos x)+x(-A\cos x-B\sin x)\} \\ &\quad +x(A\cos x+B\sin x) \\ &= 2(-A\sin x+B\cos x)=-2A\sin x+2B\cos x \end{aligned}$$

これが②の右辺 $\sin x$ に等しくなるためには

$$\begin{cases} -2A=1 \\ 2B=0 \end{cases} \quad \text{これより} \quad A=-\frac{1}{2}, \ B=0$$

ゆえに　$$v(x)=-\frac{1}{2}x\cos x$$

②の一般解は

$$y=C_1\sin x+C_2\cos x-\frac{1}{2}x\cos x \quad (C_1, C_2 : \text{任意定数})$$（解終）

ケイサン，
オチツイテ！
メガ
マワリソー！

練習問題 25　解答は p. 188

次の微分方程式を解きなさい。

（1）　$y''+4y=\cos x$　$(v(x)=A\cos x+B\sin x)$

（2）　$y''+4y=\cos 2x$　$(v(x)=x(A\cos 2x+B\sin 2x))$

例題 26

次の微分方程式を解いてみよう。

$$y'' - 2y' + 2y = e^x \cos 2x \quad \cdots ① \quad (v(x) = e^x(A\cos 2x + B\sin 2x))$$

解　同次方程式は

$$y'' - 2y' + 2y = 0 \quad \cdots ②$$

特性方程式を解くと

$$\lambda^2 - 2\lambda + 2 = 0$$

$$\longrightarrow \quad \lambda = 1 \pm i \quad (p = 1,\ q = 1)$$

これより②の基本解は

$$\{e^{1\cdot x}\cos(1\cdot x),\ e^{1\cdot x}\sin(1\cdot x)\} = \{e^x\cos x,\ e^x\sin x\}$$

となる。ゆえに一般解は

$$y = C_1 e^x \cos x + C_2 e^x \sin x \quad (C_1, C_2：任意定数)$$

次に特殊解を $v(x)$ とする。

①の右辺は $e^{1\cdot x}\cos 2x$ で $1 + 2i$ は特性方程式の解ではないので

$$v(x) = e^x(A\cos 2x + B\sin 2x) \quad (\text{p. 79, IV(i)},\ n = 0 \text{ の場合})$$

とおいて定数 A, B を求める。積の微分公式を用いて

$$\begin{aligned}
v'(x) &= (e^x)'(A\cos 2x + B\sin 2x) + e^x(A\cos 2x + B\sin 2x)' \\
&= e^x(A\cos 2x + B\sin 2x) + e^x(-2A\sin 2x + 2B\cos 2x) \\
&= e^x\{(A + 2B)\cos 2x + (B - 2A)\sin 2x\} \\
v''(x) &= (e^x)'\{(A + 2B)\cos 2x + (B - 2A)\sin 2x\} \\
&\qquad + e^x\{(A + 2B)\cos 2x + (B - 2A)\sin 2x\}' \\
&= e^x\{(A + 2B)\cos 2x + (B - 2A)\sin 2x\} \\
&\qquad + e^x\{-2(A + 2B)\sin 2x + 2(B - 2A)\cos 2x\} \\
&= e^x\{(-3A + 4B)\cos 2x + (-4A - 3B)\sin 2x\}
\end{aligned}$$

解の公式

$$ax^2 + 2bx + c = 0$$

$$x = \frac{-b \pm \sqrt{b^2 - ac}}{a}$$

$$(f\cdot g)' = f'\cdot g + f\cdot g'$$

$$(\sin ax)' = a\cos ax$$

$$(\cos ax)' = -a\sin ax$$

①の左辺に代入する。e^x でくくり，{　} の中を $\cos 2x$ と $\sin 2x$ ごとに計算すると

$$
\begin{aligned}
&v''(x) - 2v'(x) + 2v(x) \\
&\quad = e^x[\{(-3A+4B) - 2(A+2B) + 2A\}\cos 2x \\
&\qquad\qquad + \{(-4A-3B) - 2(B-2A) + 2B\}\sin 2x] \\
&\quad = e^x(-3A\cos 2x - 3B\sin 2x)
\end{aligned}
$$

これが①の右辺 $e^x\cos 2x$ になるためには

$$
\begin{cases} -3A = 1 \\ -3B = 0 \end{cases} \qquad \text{これより} \quad A = -\frac{1}{3},\ B = 0
$$

したがって

$$
\begin{aligned}
v(x) &= e^x\left(-\frac{1}{3}\cos 2x - 0\cdot\sin 2x\right) \\
&= -\frac{1}{3}e^x\cos 2x
\end{aligned}
$$

ゆえに，一般解は

$$
y = C_1e^x\cos x + C_2e^x\sin x - \frac{1}{3}e^x\cos 2x
$$

（C_1, C_2：任意定数）

（解終）

練習問題 26　解答は p. 190

微分方程式 $y'' - 2y' + 2y = e^x\sin x$ について

（1）$v(x) = xe^x(A\cos x + B\sin x)$ とおいて特殊解を1つ求めなさい。

（2）一般解を求めなさい。

3.2 定数変化法

2階線形非同次微分方程式

$$y'' + ay' + by = g(x) \quad (g(x) \not\equiv 0) \quad \cdots (♬)$$

の特殊解を求めるもう1つの方法を下の定理で紹介しよう。

定理の式を使うと，考えている区間で $g(x)$ が連続であれば，どんな関数に対しても(♬)の特殊解 $v(x)$ を求めることができる。(ただし，$g(x)$ によっては下の式の原始関数を，よく知られた関数で表わせない場合もある。)

(♬)の同次方程式を再び

$$y'' + ay' + by = 0 \quad \cdots (♪)$$

としておく。

定理 3.10

同次方程式(♪)の基本解を $\{y_1, y_2\}$ とするとき，

$$v(x) = -y_1\int_p \frac{y_2 \cdot g(x)}{W[y_1, y_2]}dx + y_2\int_p \frac{y_1 \cdot g(x)}{W[y_1, y_2]}dx$$

は非同次方程式(♬)の特殊解である。

ここで，$W[y_1, y_2]$ は y_1，y_2 のロンスキー行列式，$\int_p$ は原始関数の1つを表わすとする。

《説明》 この証明に使われている方法を**定数変化法**という。　(説明終)

略証明　同次方程式(♪)の基本解が $\{y_1, y_2\}$ なので，一般解は

$$y = C_1y_1 + C_2y_2 \quad (C_1, C_2：任意定数)$$

と書ける。ここで，非同次方程式(♬)の特殊解 $v(x)$ を求めるために，定数 C_1, C_2 を x の関数とみなして(♬)をみたすように決める。

つまり

$$v(x) = C_1(x)y_1(x) + C_2(x)y_2(x)$$

として，関数 $C_1(x)$，$C_2(x)$ を求めるのであるが，以下の計算では簡略化のため，変数 x を省略する。

$$v = C_1 y_1 + C_2 y_2$$

とすると，積の微分公式を使って，

$$v' = (C_1 y_1' + C_2 y_2') + (C_1' y_1 + C_2' y_2)$$

$$v'' = (C_1 y_1'' + C_2 y_2'') + (C_1' y_1' + C_2' y_2') + (C_1' y_1 + C_2' y_2)'$$

となる。これらを(♬)の左辺へ代入して計算すると

$$\begin{aligned} v'' + av' + bv = C_1(y_1'' + ay_1' + by_1) + C_2(y_2'' + ay_2' + by_2) \\ + \{(C_1' y_1' + C_2' y_2') + a(C_1' y_1 + C_2' y_2) \\ + (C_1' y_1 + C_2' y_2)'\} \end{aligned}$$

ここで y_1, y_2 は同次方程式(♪)の解なので，第1項と第2項は0となり

$$= (C_1' y_1' + C_2' y_2') + a(C_1' y_1 + C_2' y_2) + (C_1' y_1 + C_2' y_2)'$$

となる。この式において，もし

$$\begin{cases} C_1' y_1' + C_2' y_2' = g(x) & \cdots ① \\ C_1' y_1 + C_2' y_2 = 0 & \cdots ② \end{cases}$$

であれば，非同次方程式(♬)の右辺と等しくなる。①と②を C_1', C_2' を未知数とする連立1次方程式として解くと

$$C_1' = -\frac{y_2 \cdot g(x)}{W[y_1, y_2]}, \qquad C_2' = \frac{y_1 \cdot g(x)}{W[y_1, y_2]}$$

ただし，$W[y_1, y_2]$ は y_1 と y_2 のロンスキー行列式で

$$W[y_1, y_2] = \begin{vmatrix} y_1 & y_2 \\ y_1' & y_2' \end{vmatrix}$$

である(y_1, y_2 は線形独立なので $W[y_1, y_2] \neq 0$)。C_1', C_2' を積分して C_1, C_2 を求める。特殊解は1つ求めればよいので原始関数の1つを $\int_p$ で表わすと

$$C_1 = -\int_p \frac{y_2 \cdot g(x)}{W[y_1, y_2]} dx, \qquad C_2 = \int_p \frac{y_1 \cdot g(x)}{W[y_1, y_2]} dx$$

これを $v = C_1 y_1 + C_2 y_2$ に代入すると(♬)の特殊解

$$v(x) = -y_1 \int_p \frac{y_2 \cdot g(x)}{W[y_1, y_2]} dx + y_2 \int_p \frac{y_1 \cdot g(x)}{W[y_1, y_2]} dx$$

が求まる。　(略証明終)

例題 27

次の微分方程式の特殊解を公式を用いて１つ求め，一般解を求めてみよう。

（１）　$y'' - 2y' = 6$

（２）　$y'' + 3y' + 2y = x$

特殊解の公式

$$v = -\,y_1\int_p \frac{y_2\cdot g}{W}\,dx + y_2\int_p \frac{y_1\cdot g}{W}\,dx$$

$$W = \begin{vmatrix} y_1 & y_2 \\ y_1' & y_2' \end{vmatrix}$$

解　例題23（p. 80）と同じ方程式である。

（１）　例題23(２)より，この同次方程式 $y'' - 2y' = 0$ の

基本解は　$\{1, e^{2x}\}$

一般解は　$y = C_1 + C_2e^{2x}$　（C_1, C_2：任意定数）

と求まっていた。

次に非同次方程式の特殊解 $v(x)$ を１つ，公式を用いて求める。

$$y_1 = 1, \qquad y_2 = e^{2x}, \qquad g(x) = 6$$

とおき（どちらを y_1, y_2 においてもよい），はじめに $W[y_1, y_2]$ を計算すると

$$W[y_1, y_2] = \begin{vmatrix} 1 & e^{2x} \\ 1' & (e^{2x})' \end{vmatrix} = \begin{vmatrix} 1 & e^{2x} \\ 0 & 2e^{2x} \end{vmatrix}$$

$$= 1\cdot 2e^{2x} - e^{2x}\cdot 0 = 2e^{2x}$$

公式に代入して

$$v(x) = -1\cdot\int_p \frac{e^{2x}\cdot 6}{2e^{2x}}\,dx + e^{2x}\int_p \frac{1\cdot 6}{2e^{2x}}\,dx$$

$$= -\int_p 3\,dx + 3e^{2x}\int_p e^{-2x}\,dx$$

$$= -3x + 3e^{2x}\cdot\left(-\frac{1}{2}e^{-2x}\right) = -3x - \frac{3}{2}$$

定数以外は
∫p の内と外とで約分
してはダメよ。

ゆえに，一般解は

$$y = C_1 + C_2e^{2x} - 3x - \frac{3}{2}\quad (C_1, C_2：任意定数)$$

または $\left(C_1 - \dfrac{3}{2}\right)$ を改めて C_1 とおくと

$$y = C_1 + C_2e^{2x} - 3x\quad (C_1, C_2：任意定数)$$

（2）　例題 23（1）より，同次方程式 $y''+3y'+2y=0$ の

基本解は $\{e^{-2x}, e^{-x}\}$

一般解は $y=C_1e^{-2x}+C_2e^{-x}$　（C_1, C_2：任意定数）

と求まっていた。

$$y_1=e^{-2x}, \quad y_2=e^{-x}, \quad g(x)=x$$

とおいて，公式を用いて特殊解 $v(x)$ を求める。まず

> $e^a e^b = e^{a+b}$
>
> $\dfrac{e^b}{e^a}=e^{b-a}$

$$W[y_1, y_2]=\begin{vmatrix} e^{-2x} & e^{-x} \\ (e^{-2x})' & (e^{-x})' \end{vmatrix}=\begin{vmatrix} e^{-2x} & e^{-x} \\ -2e^{-2x} & -e^{-x} \end{vmatrix}$$

$$=e^{-2x}\cdot(-e^{-x})-e^{-x}\cdot(-2e^{-2x})$$

$$=-e^{-3x}+2e^{-3x}=e^{-3x}$$

$$\therefore \quad v(x)=-e^{-2x}\int_p \frac{e^{-x}\cdot x}{e^{-3x}}\,dx+e^{-x}\int_p \frac{e^{-2x}\cdot x}{e^{-3x}}\,dx$$

$$=-e^{-2x}\int_p xe^{2x}\,dx+e^{-x}\int_p xe^{x}\,dx$$

両方の積分とも部分積分を用いて計算すると

$$=-e^{-2x}\left\{\frac{1}{2}xe^{2x}-\frac{1}{2}\int_p e^{2x}\,dx\right\}+e^{-x}\left\{xe^{x}-\int_p e^{x}\,dx\right\}$$

$$=-e^{-2x}\left(\frac{1}{2}xe^{2x}-\frac{1}{4}e^{2x}\right)+e^{-x}(xe^{x}-e^{x})$$

$$=-\frac{1}{2}x+\frac{1}{4}+x-1=\frac{1}{2}x-\frac{3}{4}=\frac{1}{4}(2x-3)$$

ゆえに，一般解は

$$y=C_1e^{-2x}+C_2e^{-x}+\frac{1}{4}(2x-3)$$

（C_1, C_2：任意定数）

公式を使うとき，
基本解のどっちを
y_1, y_2 においても
同じ結果になります。

部分積分

$$\int f\cdot g'\,dx=f\cdot g-\int f'\cdot g\,dx$$

練習問題 27　解答は p. 191

次の微分方程式を解きなさい。

（1）　$y''+3y'=6x$　　　（2）　$y''-4y=x$

例題 28

次の微分方程式の特殊解を公式を用いて1つ求め，一般解を求めてみよう。

$$y'' + y = \sin 2x$$

特殊解の公式

$$v = -y_1\int_p \frac{y_2 \cdot g}{W}dx + y_2\int_p \frac{y_1 \cdot g}{W}dx$$

$$W = \begin{vmatrix} y_1 & y_2 \\ y_1' & y_2' \end{vmatrix}$$

解　例題25(p. 84)と同じ微分方程式である。同次方程式 $y'' + y = 0$ の

基本解は　$\{\sin x,\ \cos x\}$

一般解は　$y = C_1 \sin x + C_2 \cos x$

である。

$$y_1 = \sin x, \quad y_2 = \cos x, \quad g(x) = \sin 2x$$

として，特殊解 $v(x)$ を公式で求める。

$$W[y_1, y_2] = \begin{vmatrix} \sin x & \cos x \\ (\sin x)' & (\cos x)' \end{vmatrix} = \begin{vmatrix} \sin x & \cos x \\ \cos x & -\sin x \end{vmatrix}$$

$$= \sin x \cdot (-\sin x) - \cos x \cdot \cos x$$

$$= -(\sin^2 x + \cos^2 x) = -1$$

$\sin^2 x + \cos^2 x = 1$

$$\therefore \quad v(x) = -\sin x\int_p \frac{\cos x \cdot \sin 2x}{-1}dx + \cos x\int_p \frac{\sin x \cdot \sin 2x}{-1}dx$$

$$= \sin x\int_p \cos x \cdot \sin 2x\, dx - \cos x\int_p \sin x \cdot \sin 2x\, dx$$

ここで，三角関数の公式を使って積を和に直してから積分すると

三角関数にはいろいろな公式があったわ

積を和に直す公式

$$\sin\alpha\cos\beta = \frac{1}{2}\{\sin(\alpha+\beta) + \sin(\alpha-\beta)\}, \quad \cos\alpha\cos\beta = \frac{1}{2}\{\cos(\alpha+\beta) + \cos(\alpha-\beta)\}$$

$$\cos\alpha\sin\beta = \frac{1}{2}\{\sin(\alpha+\beta) - \sin(\alpha-\beta)\}, \quad \sin\alpha\sin\beta = -\frac{1}{2}\{\cos(\alpha+\beta) - \cos(\alpha-\beta)\}$$

$$= \sin x \int_p \frac{1}{2}\{\sin(2x + x) - \sin(x - 2x)\}\,dx$$

$$- \cos x \int_p \left(-\frac{1}{2}\right)\{\cos(x + 2x) - \cos(x - 2x)\}\,dx$$

$$\sin(-x) = -\sin x$$
$$\cos(-x) = \cos x$$

$$= \frac{1}{2}\sin x \int_p (\sin 3x + \sin x)\,dx$$

$$+ \frac{1}{2}\cos x \int_p (\cos 3x - \cos x)\,dx$$

$$= \frac{1}{2}\sin x\left(-\frac{1}{3}\cos 3x - \cos x\right)$$

$$+ \frac{1}{2}\cos x\left(\frac{1}{3}\sin 3x - \sin x\right)$$

$$\int \sin ax\,dx = -\frac{1}{a}\cos ax + C$$
$$\int \cos ax\,dx = \frac{1}{a}\sin ax + C$$

$$= -\frac{1}{6}(\sin x\cos 3x - \cos x \sin 3x) - \sin x \cos x$$

さらに第1項は加法定理を使ってまとめ，第2項は倍角公式を使うと

$$= -\frac{1}{6}\sin(x - 3x) - \frac{1}{2}\sin 2x$$

$$= \frac{1}{6}\sin 2x - \frac{1}{2}\sin 2x = -\frac{1}{3}\sin 2x$$

ゆえに，求める一般解は

$$y = C_1 \sin x + C_2 \cos x - \frac{1}{3}\sin 2x \quad (C_1,\ C_2：任意定数)$$ （解終）

加法定理

$$\sin(\alpha \pm \beta) = \sin\alpha\cos\beta \pm \cos\alpha\sin\beta$$
$$\cos(\alpha \pm \beta) = \cos\alpha\cos\beta \mp \sin\alpha\sin\beta$$
（複号同順）

倍角公式

$$\sin x\cos x = \frac{1}{2}\sin 2x$$
$$\sin^2 x = \frac{1}{2}(1 - \cos 2x)$$
$$\cos^2 x = \frac{1}{2}(1 + \cos 2x)$$

練習問題 28 解答は p. 192

次の微分方程式を解きなさい。

$y'' + 4y = \cos 2x$

§4　高階線形微分方程式

いままで2階の定係数線形微分方程式を扱ってきたが，ここでは，3階以上の定係数線形同次微分方程式の解について簡単にふれておくことにしよう。

n 階定係数線形同次微分方程式

$$y^{(n)} + a_1 y^{(n-1)} + \cdots + a_{n-1} y' + a_n y = 0 \quad \cdots (\sharp)$$

の一般解は，n 個の線形独立な解の組，つまり基本解

$$\{ y_1,\ y_2, \cdots,\ y_n \}$$

を使って

$$y = C_1 y_1 + C_2 y_2 + \cdots + C_n y_n \quad (C_1, \cdots, C_n：\text{任意定数})$$

と書けることがわかっている。

言いかえると，($\sharp$)の解全体は実数をスカラーとする n 次元線形空間を作っているのである。

そこで，いかに($\sharp$)の基本解の組 $\{y_1, \cdots, y_n\}$ を見つけるかが問題となるが，求め方は2階線形微分方程式と全く同じく，($\sharp$)の特性方程式

$$\lambda^n + a_1 \lambda^{n-1} + \cdots + a_{n-1} \lambda + a_n = 0$$

の解を使って求めることができる。このことを次の例題で説明しよう。

2階の場合と同じように
特性方程式を作ってね。

微分方程式：　$y^{(n)} + a_1 y^{(n-1)} + \cdots + a_{n-1} y' + a_n y = 0$

⇩

特性方程式：　$\lambda^n + a_1 \lambda^{n-1} + \cdots + a_{n-1} \lambda + a_n = 0$

例題 29

次の微分方程式を解いてみよう。

（1）　$y''' - 3y'' + 2y' = 0$　　（2）　$y''' - 2y'' - y' + 2y = 0$

解　まず特性方程式を作り，それを解く。

（1）　特性方程式を作って解くと，

$$\lambda^3 - 3\lambda^2 + 2\lambda = 0 \ \longrightarrow\ \lambda(\lambda^2 - 3\lambda + 2) = 0$$
$$\longrightarrow\ \lambda(\lambda - 1)(\lambda - 2) = 0 \ \longrightarrow\ \lambda = 0,\ 1,\ 2$$

これより，基本解は $\{e^{0\cdot x}, e^{1\cdot x}, e^{2\cdot x}\} = \{1, e^x, e^{2x}\}$ となる。一般解は基本解の線形結合を作ればよい。

$$y = C_1 + C_2 e^x + C_3 e^{2x}\quad (C_1, C_2, C_3：任意定数)$$

（2）　特性方程式を作って解く。

$$\lambda^3 - 2\lambda^2 - \lambda + 2 = 0 \ \longrightarrow\ \lambda^2(\lambda - 2) - (\lambda - 2) = 0 \ \longrightarrow\ (\lambda^2 - 1)(\lambda - 2) = 0$$
$$\longrightarrow\ (\lambda + 1)(\lambda - 1)(\lambda - 2) = 0 \ \longrightarrow\ \lambda = -1,\ 1,\ 2$$

これより，基本解は $\{e^{-1\cdot x}, e^{1\cdot x}, e^{2\cdot x}\} = \{e^{-x}, e^x, e^{2x}\}$ となる。したがって，一般解は

$$y = C_1 e^{-x} + C_2 e^x + C_3 e^{2x}\quad (C_1, C_2, C_3：任意定数)$$

（解終）

特性方程式を因数分解するときは，因数定理も便利よ。

因数定理

$P(a) = 0$

$\Longrightarrow\ P(x) = (x - a)Q(x)$

練習問題 29　解答は p. 193

次の方程式を解きなさい。

（1）　$y''' + y'' - 4y' - 4y = 0$　　（2）　$y''' + 5y'' + 6y' = 0$

例題 30

次の微分方程式を解いてみよう。

（1）$y''' + 2y'' + y' = 0$　　（2）$y''' + 3y'' + 3y' + y = 0$

解　（1）特性方程式を作って解く。

$$\lambda^3 + 2\lambda^2 + \lambda = 0 \longrightarrow \lambda(\lambda^2 + 2\lambda + 1) = 0$$
$$\longrightarrow \lambda(\lambda + 1)^2 = 0 \longrightarrow \lambda = 0,\ -1\ (\text{重解})$$

これより，基本解は $\{e^{0\cdot x}, e^{-1\cdot x}, xe^{-1\cdot x}\} = \{1, e^{-x}, xe^{-x}\}$ となる。一般解は

$$y = C_1 + C_2 e^{-x} + C_3 xe^{-x}$$

$$\therefore\quad y = C_1 + (C_2 + C_3 x)e^{-x}\quad (C_1, C_2 : \text{任意定数})$$

（2）特性方程式を作って解く。

$$\lambda^3 + 3\lambda^2 + 3\lambda + 1 = 0 \longrightarrow (\lambda + 1)^3 = 0 \longrightarrow \lambda = -1\ (3\ \text{重解})$$

これより，基本解は $\{e^{-1\cdot x}, xe^{-1\cdot x}, x^2 e^{-1\cdot x}\} = \{e^{-x}, xe^{-x}, x^2 e^{-x}\}$ となる。

一般解は

$$y = C_1 e^{-x} + C_2 xe^{-x} + C_3 x^2 e^{-x}$$

$$\therefore\quad y = (C_1 + C_2 x + C_3 x^2)e^{-x}\quad (C_1, C_2, C_3 : \text{任意定数})$$

（解終）

$$(a + b)^3 = a^3 + 3a^2 b + 3ab^2 + b^3$$
$$(a - b)^3 = a^3 - 3a^2 b + 3ab^2 - b^3$$

練習問題 30　解答は p. 193

次の微分方程式を解きなさい。

（1）$y''' - 4y'' + 4y' = 0$　　（2）$y''' - 6y'' + 12y' - 8y = 0$

例題 31

次の微分方程式を解いてみよう。

（1） $y''' - y = 0$　　（2） $y^{(4)} + 5y^{(2)} + 4y = 0$

解 （1） 特性方程式を作って解くと

$$\lambda^3 - 1 = 0 \longrightarrow (\lambda - 1)(\lambda^2 + \lambda + 1) = 0$$

$$\longrightarrow \begin{cases} \lambda - 1 = 0 & \longrightarrow \quad \lambda = 1 \\ \lambda^2 + \lambda + 1 = 0 & \longrightarrow \quad \lambda = \dfrac{-1 \pm \sqrt{3}\,i}{2} \end{cases}$$

$$= -\frac{1}{2} \pm \frac{\sqrt{3}}{2} i \quad \left(p = -\frac{1}{2},\ q = \frac{\sqrt{3}}{2} \right)$$

これらより，基本解は

$$\left\{ e^x,\ e^{-\frac{1}{2}x} \cos \frac{\sqrt{3}}{2} x,\ e^{-\frac{1}{2}x} \sin \frac{\sqrt{3}}{2} x \right\}$$

一般解は

$$y = C_1 e^x + C_2 e^{-\frac{1}{2}x} \cos \frac{\sqrt{3}}{2} x + C_3 e^{-\frac{1}{2}x} \sin \frac{\sqrt{3}}{2} x$$

$$\therefore \quad y = C_1 e^x + \left(C_2 \cos \frac{\sqrt{3}}{2} x + C_3 \sin \frac{\sqrt{3}}{2} x \right) e^{-\frac{1}{2}x} \quad (C_1, C_2, C_3 : \text{任意定数})$$

（2） 特性方程式を解くと

$$\lambda^4 + 5\lambda^2 + 4 = 0 \longrightarrow (\lambda^2 + 4)(\lambda^2 + 1) = 0$$

$$\longrightarrow \begin{cases} \lambda^2 + 4 = 0 & \longrightarrow \quad \lambda = \pm 2i \quad (p = 0,\ q = 2) \\ \lambda^2 + 1 = 0 & \longrightarrow \quad \lambda = \pm i \quad (p = 0,\ q = 1) \end{cases}$$

これらより，基本解は $\{e^{0 \cdot x} \cos 2x,\ e^{0 \cdot x} \sin 2x,\ e^{0 \cdot x} \cos(1 \cdot x),\ e^{0 \cdot x} \sin(1 \cdot x)\}$

つまり　$\{\cos 2x,\ \sin 2x,\ \cos x,\ \sin x\}$

一般解は

$$y = C_1 \cos 2x + C_2 \sin 2x + C_3 \cos x + C_4 \sin x$$
$$(C_1, C_2, C_3, C_4 : \text{任意定数})$$

（解終）

練習問題 31 解答は p. 193

次の微分方程式を解きなさい。

（1） $y''' + 2y'' + 2y' = 0$　　（2） $y^{(4)} + 3y^{(2)} + 2y = 0$

販売戦略も微分方程式で

商品を製造，販売する企業にとって，商品の価格を決めることは大きな問題です。日常的に使われる商品は，一年中同程度の需要があるので，価格も一年を通してほぼ同じにしておいてもよいでしょう。しかし，暖房器具や流行の服などは，季節の変動や，商品への人気などで価格が変わってきます。

商品の価格が，需要と供給に影響を与え合っている単純なモデルを考えてみましょう。

商品Aの時刻 t における価格を $P=P(t)$，そのときの販売量（需要）を $S=S(t)$，生産量（供給）を $Q=Q(t)$ とします。このとき，商品Aの在庫量 $L=L(t)$ の瞬間変化量は

$$\frac{dL}{dt}=Q(t)-S(t) \quad \cdots ①$$

となります。

ここで，商品Aの価格 $P=P(t)$ の瞬間変化率（値上がり率または値下がり率）が，在庫量 $L(t)-L_0$ に比例して変化すると考えてみます。つまり正の定数 δ を使って

$$\frac{dP}{dt}=-\delta\{L(t)-L_0\} \quad \cdots ②$$

と表わせるとします。L_0 は最底限維持しておきたい在庫量です。もし在庫が少なくなり，$L(t)<L_0$ になった場合，急いで商品を製造しないと需要に応えられず，費用が嵩んだり，損害が出てしまう場合も考えられます。そして，その分商品の価格を上げざるを得なくなってしまい，$\dfrac{dP}{dt}>0$ となるわけです。

さらに，販売量 $Q=Q(t)$ と生産量 $S=S(t)$ も商品の価格 $P=P(t)$ と，価格の変化率 $\dfrac{dP}{dt}$ に影響を受け，正の定数 a，b，c；α，β，γ を用いて

$$\begin{cases} Q(t)=a-bP(t)-c\dfrac{dP}{dt} \\ S(t)=\alpha-\beta P(t)-\gamma\dfrac{dP}{dt} \end{cases} \cdots ③$$

と表わせるとしておきます。これらの式は価格 $P=P(t)$ の大きさと，価格が値上がり傾向か値下がり傾向かということが，販売量 $Q(t)$ と生産量 $S(t)$ に及ぼす影響を表わしています。①②③の4つの式で，価格 $P=P(t)$ と，販売量 $Q(t)$，生産量 $S(t)$ は，在庫量 $L(t)$ を介して影響し合っているわけです。

②式の両辺を t で微分し，①式と③式を使うと，価格 $P=P(t)$ を未知関数とする2階線形微分方程式

$$\frac{d^2P}{dt^2}+\delta(\gamma-c)\frac{dP}{dt}+\delta(\beta-b)P=\delta(\alpha-a)$$

が得られます。

商品の価格は安定している方が，企業と消費者双方にとって好ましいことです。そのためには，③式の定数 a，b，c；α，β，γ を適切に決める必要があります。どのように決めたらよいかはビジネスパーソンの腕の見せどころというわけです。
(参考書：『微分方程式で数学モデルを作ろう』，垣田高夫・大町比佐栄訳，日本評論社)

こんな所にも微分方程式が使われているなんて。

総合練習 3

1. 次の微分方程式の一般解を求めなさい。

（1）　$y'' - 4y' + 3y = 0$　　（2）　$y'' - y' - 2y = 2x^2 - 3$

（3）　$y'' - 2y' + y = \sin 2x$　　（4）　$y'' + 4y' + 4y = e^{-2x}$

（5）　$y'' - 9y = e^x$　　（6）　$y'' + 3y' = x$

（7）　$y'' - 2y' = e^{2x}\sin x$　　（8）　$y'' + 9y = x\cos 3x$

（9）　$y^{(4)} - y = 0$　　（10）　$y^{(4)} + y^{(2)} = 0$

2. 上記 **1** の（1），（2）について，次の初期条件をみたす解を求めなさい。

（1）　$y(0) = 0,\ y'(0) = 1$　　（2）　$y(0) = 1,\ y'(0) = 3$

3. y が x の関数のとき，

$$x = e^t$$

とおくと，次の式が成立することを示しなさい。

（1）　$x\dfrac{dy}{dx} = \dfrac{dy}{dt}$

（2）　$x^2\dfrac{d^2y}{dx^2} = \dfrac{d^2y}{dt^2} - \dfrac{dy}{dt}$

オイラーの方程式

$$x^2y'' + axy' + by = g(x)$$

の形の方程式を

オイラーの方程式

という。この方程式は

$$x = e^t$$

とおくことにより，定係数の線形微分方程式に直せる。

4. **3** の結果を使い，$x = e^t$ とおくことにより，次の方程式を解きなさい。

（1）　$x^2y'' - 3xy' - 12y = 0$

（2）　$x^2y'' + xy' + y = 0$

（3）　$x^2y'' - xy' + y = \log x$

第4章

微分演算子

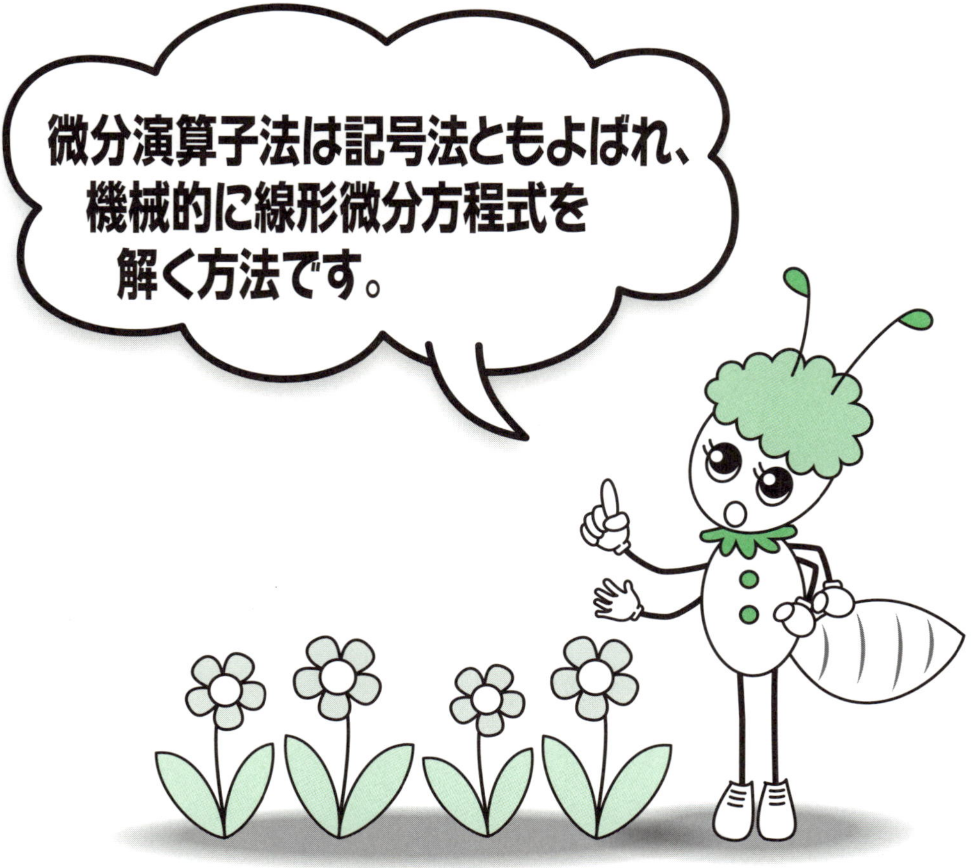

微分演算子法は記号法ともよばれ、
機械的に線形微分方程式を
解く方法です。

§1　微分演算子

1.1　微分演算子 D

関数 $y=f(x)$ がある区間 I で微分可能なとき，導関数は

$$y',\ \ f'(x),\ \ \frac{dy}{dx},\ \ \frac{df}{dx},\ \ \frac{d}{dx}f(x)$$

などの記号を用いていた。

ここでは「導関数を求める」ことを

関数の対応，　関数の写像

とみなしてみよう。(特に必要がないときは，y の定義域 I は省略する。)

y を微分可能な関数とする。関数 y に対して，その導関数 y' を対応させる写像

$$y \longmapsto y'$$

を「D」と書き，**微分演算子**，**微分作用素**などという。また，y の D による対応先が y' なので，このことを

$$D[y]=y'$$

と書くことにする。

たとえば

$$\begin{aligned} D[x] &= x' = 1 \\ D[x^2] &= (x^2)' = 2x \\ D[\sin x] &= (\sin x)' \\ &= \cos x \end{aligned}$$

などである。

微分演算子の「D」は
Differential operator
のDよ。

エンザンシ
エンザンシ

微分演算子 D を使いやすくするために，扱う関数はある区間で微分可能で，その導関数が連続であるとしておく。このような関数を連続微分可能な関数という。つまり D は

$$\text{連続微分可能な関数の集まり } X \xrightarrow{D} \text{連続関数の集まり } Y$$

$$y \longmapsto D[y] = y'$$

という写像である。

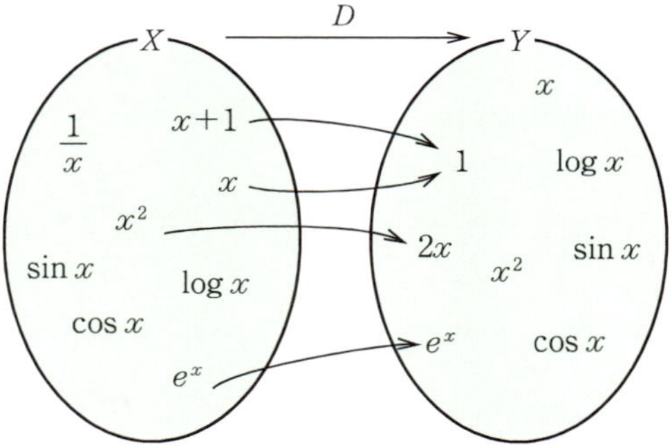

微分の公式より，微分演算子 D には，次の性質があることがすぐわかる。

定理 4.1

（1）　$D[kf] = kD[f]$　（k：定数）

（2）　$D[f \pm g] = D[f] \pm D[g]$　（複号同順）

（3）　$D[fg] = D[f] \cdot g + f \cdot D[g]$

（4）　$D\left[\dfrac{f}{g}\right] = \dfrac{D[f] \cdot g - f \cdot D[g]}{g^2}$

《説明》　定理における性質（1），（2）は線形性といわれる性質である。微分演算子は線形性をもっているので **線形作用素** とよばれているものの1つである。　（説明終）

基本的な関数について，微分演算子の作用した結果を書いておく。これも微分公式を書き直したにすぎない。

公式 4.1

$$D[k]=0 \quad (k：定数)$$
$$D[x^{\alpha}]=\alpha x^{\alpha-1}$$
$$D[\sin ax]=a\cos ax$$
$$D[\cos ax]=-a\sin ax$$
$$D[e^{ax}]=ae^{ax}$$
$$D[\log x]=\frac{1}{x}$$

例題 32

次の関数を求めてみよう。

（1）　$D[x^2+x-1]$　　（2）　$D[\sin 2x-3\cos x]$

（3）　$D[e^{2x}-\log x]$

解　記号 D の定義を思い出そう。$D[y]=y'$ なので，D は“微分せよ”ということである。

（1）　$D[x^2+x-1]=(x^2+x-1)'=\boxed{2x+1}$

（2）　$D[\sin 2x-3\cos x]=(\sin 2x-3\cos x)'$

$$=2\cos 2x-3(-\sin x)=\boxed{2\cos 2x+3\sin x}$$

（3）　$D[e^{2x}-\log x]=(e^{2x}-\log x)'=\boxed{2e^{2x}-\frac{1}{x}}$　　（解終）

練習問題 32　解答は p. 197

次の関数を求めなさい。

（1）　$D\left[x+\frac{1}{x}\right]$　　（2）　$D[\cos 3x-2\sin x]$　　（3）　$D[3\log x-e^{-x}]$

次に，微分演算子を続けて作用させることを考えよう。

y を，2 階微分可能な関数とし，導関数 y', y'' がともに連続な関数とする。関数 y に D を続けて 2 回作用させてみる。

$$y \xrightarrow{D} y' \xrightarrow{D} (y')' = y''$$

写像(関数)の言葉でいえば，D と D の合成写像(関数)を考えていることになる。このように，D を 2 回続けて作用させた対応を D^2 と書く。つまり

$$D^2[y] = D[D[y]] = y''$$

たとえば

$$D^2[x] = x'' = (x')' = 1' = 0$$

$$D^2[\cos x] = (\cos x)'' = ((\cos x)')' = (-\sin x)' = -\cos x$$

などである。

さらに D を何回も関数に作用させてみよう。

y を n 階微分可能な関数とし，$y', y'', \cdots, y^{(n)}$ がすべて連続であるとする。このとき，関数 y に D を n 回作用させた対応

$$y \xrightarrow{D} y' \xrightarrow{D} y'' \xrightarrow{D} \cdots \xrightarrow{D} y^{(n-1)} \xrightarrow{D} y^{(n)}$$

を D^n と書く。つまり

$$D^n[y] = y^{(n)}$$

である。D^n を **n 階微分演算子**という。

特に $n=0$ のときは

$$D^0[y] = y$$

とする。これは，0 階微分，つまり全く微分せずそのままということ。

$D^0, D^1, D^2, \cdots, D^n$ もすべて微分演算子というのよ。

n 階微分演算子 D^n も線形性をもっている。

定理 4.2

(1) $D^n[kf] = kD^n[f]$ （k：定数）

(2) $D^n[f \pm g] = D^n[f] \pm D^n[g]$ （複号同順）

例題 33

次の関数を求めてみよう。

（1）$D^2[x^3+2x^2-x+1]$　（2）$D^2[\sin 2x]+D[\cos x]$

（3）$D^3[e^{-x}]-D^2[\log x]$

解　$D^n[y]$ は y を n 回微分することなので

（1）$D^2[x^3+2x^2-x+1]$

$$=(x^3+2x^2-x+1)''$$
$$=\{(x^3+2x^2-x+1)'\}'$$
$$=(3x^2+4x-1)'=\boxed{6x+4}$$

（2）$D^2[\sin 2x]+D[\cos x]$

$$=(\sin 2x)''+(\cos x)'$$
$$=\{(\sin 2x)'\}'+(\cos x)'$$
$$=(2\cos 2x)'+(-\sin x)=\boxed{-4\sin 2x-\sin x}$$

（3）$D^3[e^{-x}]-D^2[\log x]$

$$=(e^{-x})'''-(\log x)''$$
$$=\{(e^{-x})'\}''-\{(\log x)'\}'$$
$$=\{(-e^{-x})'\}'-\left(\frac{1}{x}\right)'$$
$$=(e^{-x})'-(x^{-1})'$$
$$=-e^{-x}-(-x^{-2})=\boxed{-e^{-x}+\frac{1}{x^2}}$$

（解終）

練習問題 33　解答は p. 197

次の関数を求めなさい。

（1）$D^3[2x^4-x^2]$　（2）$D^3[\cos 3x]-D^2[\sin x]$

（3）$D^2[e^{2x}]-D[\log x]+D^0[x]$

1.2　微分多項式 $P(D)$

定義

y を n 回連続微分可能な関数とする。

D の多項式

$$P(D) = a_0D^n + a_1D^{n-1} + \cdots + a_{n-1}D + a_n$$

に対して

$$P(D)[y] = a_0D^n[y] + a_1D^{n-1}[y] + \cdots + a_{n-1}D[y] + a_ny$$

と定義する。この $P(D)$ を**微分多項式**という。

《説明》　この微分演算子を使うと，定係数 2 階線形微分方程式

$$y'' + ay' + by = 0$$

は

$$(D^2 + aD + b)[y] = 0$$

と書き表わすことができる。　（説明終）

定義

D の 2 つの多項式 $P_1(D)$ と $P_2(D)$ について

和　$(P_1(D) + P_2(D))[y] = P_1(D)[y] + P_2(D)[y]$

積　$P_1(D)P_2(D)[y] = P_1(D)[P_2(D)[y]]$

と定義する。

《説明》　この定義により，微分多項式は普通の多項式と同じように取り扱うことができる。　（説明終）

定理 4.3

D の 2 つの多項式 $P_1(D)$, $P_2(D)$ について次式が成立する。

$$P_1(D)P_2(D)[y] = P_2(D)P_1(D)[y]$$

例題 34

次の微分方程式を微分演算子 D を用いて書き直してみよう。

（1）$y'' + 3y' + 2y = 0$　　（2）$y'' + y' = x$

（3）$y'' - 6y' - 5y = \cos 2x$　　（4）$y'' + 4y = e^x$

解　式を見ながら，はじめは順に D でおきかえていこう。慣れたら，直接 D におきかえてもよい。

（1）$y'' + 3y' + 2y = D^2[y] + 3D[y] + 2y = (D^2 + 3D + 2)[y]$

$$\therefore \quad (D^2 + 3D + 2)[y] = 0$$

または，微分多項式を因数分解して次のようにしてもよい。

$$(D+2)(D+1)[y] = 0, \qquad (D+1)(D+2)[y] = 0$$

（2）$y'' + y' = D^2[y] + D[y] = (D^2 + D)[y]$

$$\therefore \quad (D^2 + D)[y] = x$$

または，因数分解して

$$D(D+1)[y] = x, \qquad (D+1)D[y] = x$$

（3）直接 D におきかえてみよう。式を見ながら

$$(D^2 - 6D - 5\cdot 1)[y] = \cos 2x$$

$$\therefore \quad (D^2 - 6D - 5)[y] = \cos 2x$$

（4）直接おきかえると

$$(D^2 + 4\cdot 1)[y] = e^x \qquad \therefore \quad (D^2 + 4)[y] = e^x$$

直接書き直すときは
$y'' \longrightarrow D^2$
$y' \longrightarrow D^1 = D$
$y \longrightarrow D^0 = 1$
とすればいいね。
特性方程式を求めた
ときと同じね。

（解終）

練習問題 34

解答は p. 198

微分演算子 D を用いて書き直しなさい。

（1）$y'' + 7y' + 10y = 0$　　（2）$y'' - 6y' + 5y = e^{3x}$

（3）$y'' + y = \log x$　　（4）$y'' + 5y' = \sin 2x$

例題 35

次の微分方程式を，y''，y'，y を使って書き直してみよう。

（1） $(D^2-4D+1)[y]=0$　　（2） $D(D-1)[y]=e^{2x}$

（3） $(D^2+9)[y]=x^2$　　（4） $(D+3)^2[y]=\cos x$

解 微分多項式が因数分解されていないときは直接書き直せるが，因数分解されているときは先に展開してから書き直そう。

（1） $(D^2-4D+1)[y]=D^2[y]-4D[y]+1\cdot y=y''-4y'+y$

$$\therefore\quad y''-4y'+y=0$$

（2） 先に微分多項式を計算して

$$D(D-1)[y]=(D^2-D)[y]=D^2[y]-D[y]=y''-y'$$

$$\therefore\quad y''-y'=e^{2x}$$

（3） 式を見ながら直接書き直すと

$$y''+9y=x^2$$

（4） まず微分多項式を展開してから書き直す。

$$(D+3)^2[y]=(D^2+6D+9)[y]$$
$$=y''+6y'+9y$$

$$\therefore\quad y''+6y'+9y=\cos x$$

（解終）

直接書き直すときは
$D^2 \longrightarrow y''$
$D \longrightarrow y'$
$k \longrightarrow ky$
だけど
$D(D-1)[y]=y'(y'-1)$
としてはダメよ。

$$(D-a)(D-b)[y]\neq(y'-a)(y'-b)$$

練習問題 35 解答は p. 198

y''，y'，y を使って書き直しなさい。

（1） $(D^2-3D+2)[y]=0$　　（2） $(D^2+2)[y]=e^x\sin x$

（3） $(D+1)(D-1)[y]=2x+1$　　（4） $(D+2)^2[y]=e^x\cos x$

§2　逆演算子

2.1　逆演算子

微分演算子 D は，関数 y に対してその導関数 y' を対応させる写像であった。ここでは，D の逆の対応を考えてみよう。

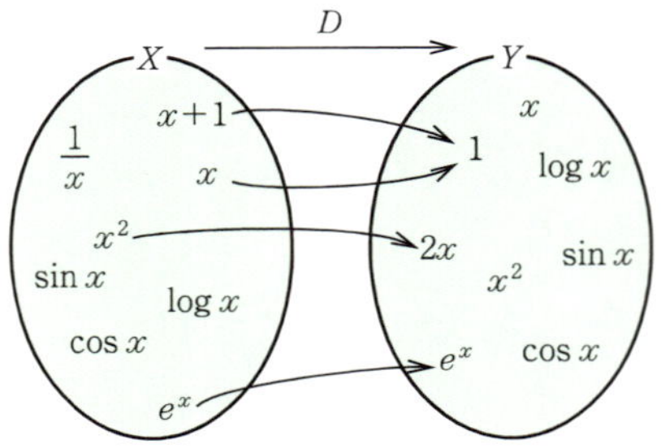

$$D[y]=x$$

となる関数 y はどんな関数だろう。つまり

$$y'=x$$

となる関数 y である。これは1階の微分方程式なので，両辺を x で積分すると

$$y=\frac{1}{2}x^2+C\quad(C：任意定数)$$

と一般解が求められる。このことは，

$$D[y]=x$$

となる関数 y は無数にあることを示している。

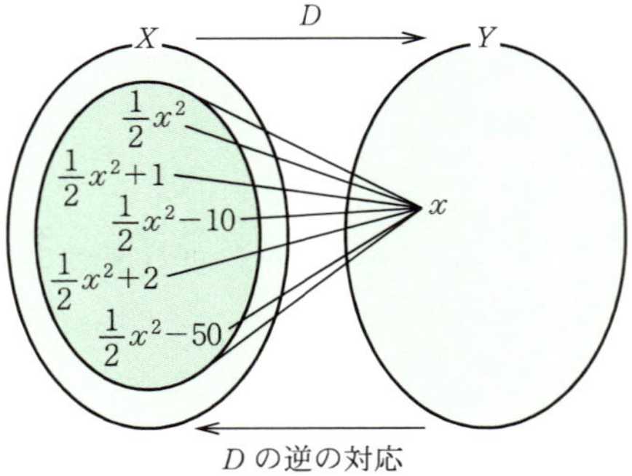

一般に，

$$D[y]=f(x)$$

となる関数は，$f(x)$ の原始関数の1つを $F(x)$ とすると

$$y=F(x)+C\quad(C：任意定数)\quad\cdots(¥)$$

の形に書ける。したがって D の逆の対応は，対応先が無数にあるので，写像とはならない。

そこで，たくさんある(¥)の形の対応先から1つだけ，関数を選ぶことにする。

$f(x)$ を連続な関数とする。このとき，$D[y]=f(x)$ となる関数 y の1つを

$$\frac{1}{D}[f(x)]$$

と書き，$\frac{1}{D}$ を D の**逆演算子**という。

$f(x)$ に対して，$\frac{1}{D}[f(x)]$ はたくさん考えられるが，どれでもよい。一番簡単なのは，$f(x)$ の不定積分を求めて任意定数 C を0にしたものである。

たとえば

$$\frac{1}{D}[x]=\frac{1}{2}x^2$$

$$\frac{1}{D}[\sin x]=-\cos x$$

などである。

$\frac{1}{D}$ は分数の意味はないので気をつけてね。
D の逆写像のようなので「D^{-1}」と書くこともあるわ。

$\frac{1}{D}$ も演算子という名前がついているが正確には写像ではないので，演算子ではない。

前にも使ったが，記号の混乱を避けるために，

$\int f(x)\,dx$ は $f(x)$ の不定積分（任意定数 C を含んだ関数である。）

$\int_p f(x)\,dx$ は $f(x)$ の原始関数（不定積分 C にある値を代入した関数である。$C=0$ でもよい。）

としておく。この記号を使うと

$$\frac{1}{D}[f(x)]=\int_p f(x)\,dx$$

となる。

ギャク ギャク
ギャク エンザンシ？

例題 36

次の関数を求めてみよう。

（1）　$\dfrac{1}{D}[x^2-x+1]$　　（2）　$\dfrac{1}{D}[\sin 2x+\cos x]$　　（3）　$\dfrac{1}{D}[e^{3x}]$

解　いままでの積分と全く同じように計算し，任意定数 C を何かの実数にしておけばよい。以下，$C=0$ にしておく。

$\dfrac{1}{D}[f(x)]=\int_p f(x)\,dx$
（不定積分において
$C=0$ とすればよい。）

（1）　$$\frac{1}{D}[x^2-x+1]=\int_p (x^2-x+1)\,dx = \frac{1}{3}x^3-\frac{1}{2}x^2+x$$

（2）　$$\frac{1}{D}[\sin 2x+\cos x]=\int_p (\sin 2x+\cos x)\,dx = -\frac{1}{2}\cos 2x+\sin x$$

（3）　$$\frac{1}{D}[e^{3x}]=\int_p e^{3x}\,dx=\frac{1}{3}e^{3x}$$

（解終）

練習問題 36　解答は p. 198

次の関数を求めなさい。

（1）　$\dfrac{1}{D}[x^3-6x^2+4x-3]$　　（2）　$\dfrac{1}{D}[\cos 5x-\sin x]$　　（3）　$\dfrac{1}{D}\left[\dfrac{1}{x}\right]$

次に，連続関数 $f(x)$ に $\dfrac{1}{D}$ を 2 回続けて作用させてみよう。このとき

$$\frac{1}{D}\left[\frac{1}{D}[f(x)]\right]=\frac{1}{D^2}[f(x)]$$

と書き，$\dfrac{1}{D^2}$ を D^2 の逆演算子という。$\dfrac{1}{D^2}[f(x)]$ もたくさん考えられるが，その中の 1 つを見つければよい。原始関数の記号 $\int_p f(x)\,dx$ を用いると

$$\frac{1}{D^2}[f(x)]=\frac{1}{D}\left[\frac{1}{D}[f(x)]\right]=\int_p\left\{\int_p f(x)\,dx\right\}dx$$

となる。

例題 37

次の関数を求めてみよう。

（1） $\dfrac{1}{D^2}[x]$　　（2） $\dfrac{1}{D^2}[e^{-x}]$

解 （1） $\dfrac{1}{D^2}[x]=\dfrac{1}{D}\left[\dfrac{1}{D}[x]\right]=\dfrac{1}{D}\left[\int_p x\,dx\right]=\dfrac{1}{D}\left[\dfrac{1}{2}x^2\right]$

$$=\int_p \frac{1}{2}x^2\,dx=\frac{1}{2}\cdot\frac{1}{3}x^3=\frac{1}{6}x^3$$

（2） $\dfrac{1}{D^2}[e^{-x}]=\dfrac{1}{D}\left[\dfrac{1}{D}[e^{-x}]\right]=\dfrac{1}{D}\left[\int_p e^{-x}\,dx\right]=\dfrac{1}{D}[-e^{-x}]$

$$=\int_p(-e^{-x})\,dx=-(-e^{-x})=e^{-x}$$

（解終）

練習問題 37 解答は p. 198

次の関数を求めなさい。

（1） $\dfrac{1}{D^2}[x^2+1]$　　（2） $\dfrac{1}{D^2}[\cos x-\sin 3x]$

同様にして，$P(D)$ を微分多項式とするとき，$P(D)[y]=f(x)$ となる関数 y の1つを

$$\frac{1}{P(D)}[f(x)]$$

と書き，$P(D)$ の**逆演算子**という。

逆演算子 $P(D)$ については一般に次の性質がある。

定理 4.4

$P(D)$, $Q(D)$ を微分多項式とするとき，次のことが成立する。

（1）　$P(D)\cdot\dfrac{1}{P(D)}[f(x)]=f(x)$

（2）　$\dfrac{1}{P(D)}[f(x)+g(x)]=\dfrac{1}{P(D)}[f(x)]+\dfrac{1}{P(D)}[g(x)]$

（3）　$\dfrac{1}{P(D)}[kf(x)]=k\dfrac{1}{P(D)}[f(x)]$　（k：定数）

（4）　$$\frac{1}{P(D)\cdot Q(D)}[f(x)]=\frac{1}{P(D)}\left[\frac{1}{Q(D)}[f(x)]\right]=\frac{1}{Q(D)}\left[\frac{1}{P(D)}[f(x)]\right]$$

《説明》　いずれも，もとの演算子の性質よりすぐに示せる。

どの逆演算子も，関数に作用させた結果はひと通りには定まらないことを再び注意しておく。　（説明終）

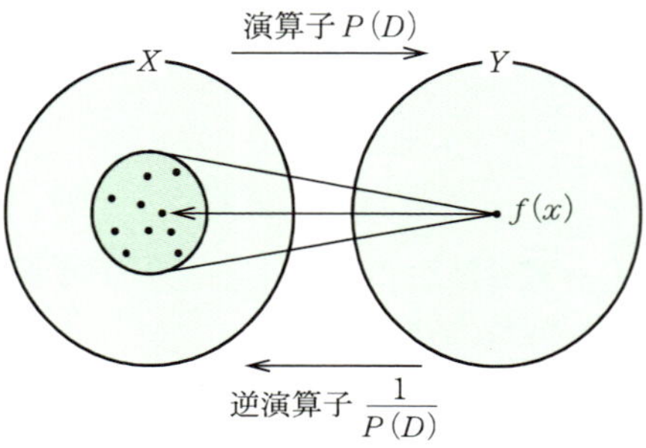

2.2 逆演算子の公式

ここでは主に，2階線形非同次微分方程式の特殊解を見つけるときに必要な逆演算子の公式を紹介しよう。

公式 4.2

(i) $\dfrac{1}{D-\alpha}[f(x)]=e^{\alpha x}\dfrac{1}{D}[e^{-\alpha x}f(x)]$

(ii) $\dfrac{1}{D-\alpha}[e^{\alpha x}f(x)]=e^{\alpha x}\dfrac{1}{D}[f(x)]$

演算子と逆演算子

$D[F(x)]=f(x) \overset{\text{定義}}{\Longleftrightarrow} F(x)=\dfrac{1}{D}[f(x)]$

【証明】 (i)の $f(x)$ を $e^{\alpha x}f(x)$ とおきかえれば(ii)になるので，(i),(ii)とも内容は同じである。

(ii)を示そう。$\dfrac{1}{D}[f(x)]=F(x)$ とおくと

$$f(x)=D[F(x)]=F'(x)$$

が成立する。

$$(D-\alpha)\left[e^{\alpha x}\frac{1}{D}[f(x)]\right]=(D-\alpha)[e^{\alpha x}F(x)]$$
$$=D[e^{\alpha x}F(x)]-\alpha e^{\alpha x}F(x)$$
$$=\{e^{\alpha x}F(x)\}'-\alpha e^{\alpha x}F(x)$$

$(f\cdot g)'=f'\cdot g+f\cdot g'$

積の微分公式を使って

$$=\{(e^{\alpha x})'F(x)+e^{\alpha x}F'(x)\}-\alpha e^{\alpha x}F(x)$$
$$=\{\alpha e^{\alpha x}F(x)+e^{\alpha x}f(x)\}-\alpha e^{\alpha x}F(x)$$
$$=e^{\alpha x}f(x)$$
$$\therefore\quad e^{\alpha x}\frac{1}{D}[f(x)]=\frac{1}{D-\alpha}[e^{\alpha x}f(x)]$$

(証明終)

この公式を，指数関数，三角関数に適用すると次頁の公式となる。

公式 4.3

(i)
$$\begin{cases} \dfrac{1}{D-\alpha}[e^{\alpha x}] = xe^{\alpha x} \\[2ex] \dfrac{1}{D-\alpha}[e^{\beta x}] = \dfrac{1}{\beta-\alpha}e^{\beta x} \quad (\alpha \neq \beta) \end{cases}$$

(ii)
$$\begin{cases} \dfrac{1}{D-\alpha}[e^{\alpha x}\sin\beta x] = -\dfrac{1}{\beta}e^{\alpha x}\cos\beta x \\[2ex] \dfrac{1}{D-\alpha}[e^{\alpha x}\cos\beta x] = \dfrac{1}{\beta}e^{\alpha x}\sin\beta x \end{cases}$$

(iii)
$$\begin{cases} \dfrac{1}{D-\alpha}[\sin\beta x] = -\dfrac{1}{\alpha^2+\beta^2}(\alpha\sin\beta x + \beta\cos\beta x) \\[2ex] \dfrac{1}{D-\alpha}[\cos\beta x] = \dfrac{1}{\alpha^2+\beta^2}(\beta\sin\beta x - \alpha\cos\beta x) \end{cases}$$

（いずれも $\beta \neq 0$）

例題 38

公式 4.2(p. 115)を使って，上記公式 4.3 (i)と(ii)の第1式を導いてみよう。

線形微分方程式を解いたときに，よく出てきた関数ね。

解　公式 4.2 の(i)において $f(x)=e^{\alpha x}$ とおくと

$$\frac{1}{D-\alpha}[e^{\alpha x}] = e^{\alpha x}\frac{1}{D}[e^{-\alpha x}\cdot e^{\alpha x}] = e^{\alpha x}\frac{1}{D}[1]$$
$$= e^{\alpha x}\int_p 1\,dx = e^{\alpha x}\cdot x = xe^{\alpha x}$$

公式 4.2 の(ii)において $f(x)=\sin\beta x$ とおくと

$$\frac{1}{D-\alpha}[e^{\alpha x}\sin\beta x] = e^{\alpha x}\frac{1}{D}[\sin\beta x] = e^{\alpha x}\int_p \sin\beta x\,dx$$
$$= e^{\alpha x}\left(-\frac{1}{\beta}\cos\beta x\right) = -\frac{1}{\beta}e^{\alpha x}\cos\beta x$$ （解終）

練習問題 38　解答は p. 199

公式 4.2 を使って上記公式 4.3 (i)と(ii)の第2式を導きなさい。

例題 39

公式 4.2 (p. 115) を使って公式 4.3 の(iii)の第 1 式を導いてみよう。

解 公式 4.2 の(i)において $f(x)=\sin\beta x$ とおくと

$$\frac{1}{D-\alpha}[\sin\beta x]=e^{\alpha x}\frac{1}{D}[e^{-\alpha x}\sin\beta x]$$
$$=e^{\alpha x}\int_p e^{-\alpha x}\sin\beta x\,dx$$

この積分は p. 20 で求めてあった下の積分公式を使って求めると ($a=-\alpha$, $b=\beta$)

$$=e^{\alpha x}\cdot\frac{e^{-\alpha x}}{(-\alpha)^2+\beta^2}(-\alpha\sin\beta x-\beta\cos\beta x)$$
$$=-\frac{1}{\alpha^2+\beta^2}(\alpha\sin\beta x+\beta\cos\beta x)$$ (解終)

$$\int e^{ax}\sin bx\,dx=\frac{e^{ax}}{a^2+b^2}(a\sin bx-b\cos bx)+C$$
$$\int e^{ax}\cos bx\,dx=\frac{e^{ax}}{a^2+b^2}(a\cos bx+b\sin bx)+C$$

p. 20

公式 4.2

(i) $\frac{1}{D-\alpha}[f(x)]=e^{\alpha x}\frac{1}{D}[e^{-\alpha x}f(x)]$

(ii) $\frac{1}{D-\alpha}[e^{\alpha x}f(x)]=e^{\alpha x}\frac{1}{D}[f(x)]$

練習問題 39 解答は p. 199

公式 4.2 (p. 115) を使って公式 4.3 (iii)の第 2 式を導きなさい。

公式 4.4

(i)
$$\begin{cases} \dfrac{1}{(D-\alpha)^2}[e^{\alpha x}] = \dfrac{1}{2}x^2 e^{\alpha x} \\ \dfrac{1}{(D-\alpha)^2}[e^{\beta x}] = \dfrac{1}{(\beta-\alpha)^2}e^{\beta x} \quad (\alpha \neq \beta) \end{cases}$$

(ii)
$$\begin{cases} \dfrac{1}{(D-\alpha)^2}[e^{\alpha x}\sin\beta x] = -\dfrac{1}{\beta^2}e^{\alpha x}\sin\beta x \\ \dfrac{1}{(D-\alpha)^2}[e^{\alpha x}\cos\beta x] = -\dfrac{1}{\beta^2}e^{\alpha x}\cos\beta x \end{cases}$$

(iii)
$$\begin{cases} \dfrac{1}{(D-\alpha)^2}[\sin\beta x] = \dfrac{1}{(\alpha^2+\beta^2)^2}\{(\alpha^2-\beta^2)\sin\beta x + 2\alpha\beta\cos\beta x\} \\ \dfrac{1}{(D-\alpha)^2}[\cos\beta x] = \dfrac{1}{(\alpha^2+\beta^2)^2}\{(\alpha^2-\beta^2)\cos\beta x - 2\alpha\beta\sin\beta x\} \\ \qquad\qquad\qquad\qquad (\text{いずれも } \beta \neq 0) \end{cases}$$

例題 40

上記公式 4.4 (i) の第1式を示してみよう。

解　変形の際に使った公式を“＝”の上に記すと

$$\frac{1}{(D-\alpha)^2}[e^{\alpha x}] = \frac{1}{D-\alpha}\left[\frac{1}{D-\alpha}[e^{\alpha x}]\right]$$

$$\underset{\text{(i)}}{\overset{\text{公式 4.3}}{=}} \frac{1}{D-\alpha}[xe^{\alpha x}]$$

$$= \frac{1}{D-\alpha}[e^{\alpha x}\cdot x] \underset{\text{(ii)}}{\overset{\text{公式 4.2}}{=}} e^{\alpha x}\frac{1}{D}[x]$$

$$= e^{\alpha x}\int_p x\,dx = e^{\alpha x}\cdot\frac{1}{2}x^2 = \frac{1}{2}x^2 e^{\alpha x} \qquad \text{(解終)}$$

練習問題 40　解答は p. 199

上記公式 4.4 (i) の第2式を示しなさい。

例題 41

公式 4.4（ii）と（iii）の第1式を示してみよう。

解　変形の際に使った公式を“＝”の上へ記しておく。

（ii）
$$
\begin{aligned}
\frac{1}{(D-\alpha)^2}[e^{\alpha x}\sin\beta x] &= \frac{1}{D-\alpha}\left[\frac{1}{D-\alpha}[e^{\alpha x}\sin\beta x]\right] \\
&\underset{\text{(ii)}}{\overset{\text{公式 4.3}}{=}} \frac{1}{D-\alpha}\left[-\frac{1}{\beta}e^{\alpha x}\cos\beta x\right] \\
&= -\frac{1}{\beta}\cdot\frac{1}{D-\alpha}[e^{\alpha x}\cos\beta x] \\
&\underset{\text{(ii)}}{\overset{\text{公式 4.3}}{=}} -\frac{1}{\beta}\cdot\frac{1}{\beta}e^{\alpha x}\sin\beta x \\
&= -\frac{1}{\beta^2}e^{\alpha x}\sin\beta x
\end{aligned}
$$

（iii）
$$
\begin{aligned}
\frac{1}{(D-\alpha)^2}[\sin\beta x] &= \frac{1}{D-\alpha}\left[\frac{1}{D-\alpha}[\sin\beta x]\right] \\
&\underset{\text{(iii)}}{\overset{\text{公式 4.3}}{=}} \frac{1}{D-\alpha}\left[\frac{-1}{\alpha^2+\beta^2}(\alpha\sin\beta x+\beta\cos\beta x)\right] \\
&= \frac{-1}{\alpha^2+\beta^2}\left\{\frac{1}{D-\alpha}[\alpha\sin\beta x]+\frac{1}{D-\alpha}[\beta\cos\beta x]\right\} \\
&\underset{\text{(iii)}}{\overset{\text{公式 4.3}}{=}} \frac{-1}{\alpha^2+\beta^2}\left\{\frac{-\alpha}{\alpha^2+\beta^2}(\alpha\sin\beta x+\beta\cos\beta x)\right. \\
&\qquad\qquad \left.+\frac{\beta}{\alpha^2+\beta^2}(\beta\sin\beta x-\alpha\cos\beta x)\right\} \\
&= \frac{1}{(\alpha^2+\beta^2)^2}\{(\alpha^2-\beta^2)\sin\beta x+2\alpha\beta\cos\beta x\}
\end{aligned}
$$
（解終）

練習問題 41

解答は p. 200

公式 4.4（ii）と（iii）の第2式を示しなさい。

公式 4.5

（i）　$$\frac{1}{D^2+\beta^2}[\sin\beta x] = -\frac{1}{2\beta}x\cos\beta x$$

（ii）　$$\frac{1}{D^2+\beta^2}[\cos\beta x] = \frac{1}{2\beta}x\sin\beta x$$

（いずれも $\beta \neq 0$）

例題 42

$(D^2+\beta^2)[x\cos\beta x]$ を計算して，公式 4.5 の（i）を示してみよう。

解　$$(D^2+\beta^2)[x\cos\beta x] = D^2[x\cos\beta x] + \beta^2 x\cos\beta x$$

右辺，第1項を計算すると

$$\begin{aligned}
D^2[x\cos\beta x] &= (x\cos\beta x)'' = \{(x\cos\beta x)'\}' \\
&= \{x'\cos\beta x + x(\cos\beta x)'\}' = (\cos\beta x - \beta x\sin\beta x)' \\
&= (\cos\beta x)' - \beta(x\sin\beta x)' \\
&= -\beta\sin\beta x - \beta\{x'\sin\beta x + x(\sin\beta x)'\} \\
&= -\beta\sin\beta x - \beta(\sin\beta x + \beta x\cos\beta x) \\
&= -\beta\sin\beta x - \beta\sin\beta x - \beta^2 x\cos\beta x \\
&= -2\beta\sin\beta x - \beta^2 x\cos\beta x
\end{aligned}$$

$$\begin{aligned}
\therefore\quad (D^2+\beta^2)[x\cos\beta x] &= (-2\beta\sin\beta x - \beta^2 x\cos\beta x) + \beta^2 x\cos\beta x \\
&= -2\beta\sin\beta x
\end{aligned}$$

これより

$$\frac{1}{D^2+\beta^2}[-2\beta\sin\beta x] = x\cos\beta x$$

$$-2\beta\cdot\frac{1}{D^2+\beta^2}[\sin\beta x] = x\cos\beta x$$

$\beta \neq 0$ より

$$\frac{1}{D^2+\beta^2}[\sin\beta x] = -\frac{1}{2\beta}x\cos\beta x$$　（解終）

練習問題 42　解答は p. 200

$(D^2+\beta^2)[x\sin\beta x]$ を計算することにより，公式 4.5 の（ii）を示しなさい。

公式 4.6

(i) $\dfrac{1}{D^2+k^2}[\sin\beta x] = \dfrac{1}{k^2-\beta^2}\sin\beta x$

(ii) $\dfrac{1}{D^2+k^2}[\cos\beta x] = \dfrac{1}{k^2-\beta^2}\cos\beta x$

(いずれも，$k \neq \beta$)

例題 43

$(D^2+k^2)[\sin\beta x]$ を計算して，公式 4.6 の (i) を示してみよう。

解
$$\begin{aligned}(D^2+k^2)[\sin\beta x] &= D^2[\sin\beta x] + k^2\sin\beta x \\ &= (\sin\beta x)'' + k^2\sin\beta x \\ &= \{(\sin\beta x)'\}' + k^2\sin\beta x \\ &= (\beta\cos\beta x)' + k^2\sin\beta x \\ &= -\beta^2\sin\beta x + k^2\sin\beta x \\ &= (k^2-\beta^2)\sin\beta x\end{aligned}$$

これより

$$\frac{1}{D^2+k^2}[(k^2-\beta^2)\sin\beta x] = \sin\beta x$$

$$(k^2-\beta^2)\frac{1}{D^2+k^2}[\sin\beta x] = \sin\beta x$$

$k \neq \beta$ なので

$$\frac{1}{D^2+k^2}[\sin\beta x] = \frac{1}{k^2-\beta^2}\sin\beta x$$

(解終)

練習問題 43 解答は p. 201

$(D^2+k^2)[\cos\beta x]$ を計算することにより，公式 4.6 の (ii) を示しなさい。

例題 44

逆演算子の各種公式を用いて，次の関数を求めてみよう。

（1）$\dfrac{1}{D-2}[e^{2x}]$　（2）$\dfrac{1}{D-2}[e^{2x}\sin 3x]$

（3）$\dfrac{1}{D-2}[\sin 3x]$　（4）$\dfrac{1}{(D-2)^2}[e^{3x}]$

（5）$\dfrac{1}{(D-2)^2}[e^{2x}\cos 3x]$　（6）$\dfrac{1}{(D-2)^2}[\cos 3x]$

（7）$\dfrac{1}{D^2+3^2}[\sin 3x]$　（8）$\dfrac{1}{D^2+2^2}[\sin 3x]$

（9）$\dfrac{1}{D-\alpha}[1]$　$(\alpha \neq 0)$

解　（1），（2），（3）はp. 116，公式4.3（i），（ii），（iii）のいずれも第1式を使って求める。

（1）$$\frac{1}{D-2}[e^{2x}] = xe^{2x}$$

（2）$$\frac{1}{D-2}[e^{2x}\sin 3x] = -\frac{1}{3}e^{2x}\cos 3x$$

（3）$$\frac{1}{D-2}[\sin 3x] = -\frac{1}{2^2+3^2}(2\sin 3x + 3\cos 3x)$$

$$= -\frac{1}{13}(2\sin 3x + 3\cos 3x)$$

（4），（5），（6）はp. 118，公式4.4（i），（ii），（iii）のいずれも第2式を使って求める。

（4）$$\frac{1}{(D-2)^2}[e^{3x}] = \frac{1}{(3-2)^2}e^{3x} = e^{3x}$$

（5）$$\frac{1}{(D-2)^2}[e^{2x}\cos 3x] = -\frac{1}{3^2}e^{2x}\cos 3x = -\frac{1}{9}e^{2x}\cos 3x$$

（6）$$\frac{1}{(D-2)^2}[\cos 3x] = \frac{1}{(2^2+3^2)^2}\{(2^2-3^2)\cos 3x - 2\cdot 2\cdot 3\sin 3x\}$$

$$= -\frac{1}{169}(5\cos 3x + 12\sin 3x)$$

（7） p. 120，公式 4.5（i）を使う。

$$\frac{1}{D^2+3^2}[\sin 3x] = -\frac{1}{2\cdot 3}x\cos 3x = -\frac{1}{6}x\cos 3x$$

（8） p. 121，公式 4.6（i）を使う。

$$\frac{1}{D^2+2^2}[\sin 3x] = \frac{1}{2^2-3^2}\sin 3x = -\frac{1}{5}\sin 3x$$

（9） p. 115，公式 4.2（i）より

$$\frac{1}{D-\alpha}[1] = e^{\alpha x}\frac{1}{D}[e^{-\alpha x}\cdot 1] = e^{\alpha x}\frac{1}{D}[e^{-\alpha x}]$$

$$= e^{\alpha x}\int_p e^{-\alpha x}\,dx$$

$$= e^{\alpha x}\cdot\left(-\frac{1}{\alpha}e^{-\alpha x}\right) = -\frac{1}{\alpha}$$

公式 4.7

$$\frac{1}{D-\alpha}[1] = -\frac{1}{\alpha} \quad (\alpha \neq 0)$$

練習問題 44 解答は p. 201

逆演算子の公式を用いて，次の関数を求めなさい。

（1） $\frac{1}{D-2}[e^{3x}]$ （2） $\frac{1}{D-2}[e^{2x}\cos 3x]$

（3） $\frac{1}{D-2}[\cos 3x]$ （4） $\frac{1}{(D-2)^2}[e^{2x}]$

（5） $\frac{1}{(D-2)^2}[e^{2x}\sin 3x]$ （6） $\frac{1}{(D-2)^2}[\sin 3x]$

（7） $\frac{1}{D^2+3^2}[\cos 3x]$ （8） $\frac{1}{D^2+2^2}[\cos 3x]$

（9） $\frac{1}{D+\alpha}[1]$

例題 45

逆演算子を部分分数展開することにより，次の関数を求めてみよう。

（1）　$\dfrac{1}{(D-3)(D-2)}[e^{2x}]$　　（2）　$\dfrac{1}{D^2-2D-3}[\sin 3x]$

解　一般に，$\alpha \neq \beta$ のとき

$$\frac{1}{(x-\alpha)(x-\beta)} = \frac{A}{x-\alpha} - \frac{B}{x-\beta}$$

とおいて右辺を通分し，両辺の分子を比較すると

$$1 = A(x-\beta) - B(x-\alpha)$$

が成立することがわかる。この式に

$x = \beta$ を代入すると，　$1 = 0 - B(\beta-\alpha)$　より　$B = \dfrac{1}{\alpha-\beta}$

$x = \alpha$ を代入すると，　$1 = A(\alpha-\beta) - 0$　より　$A = \dfrac{1}{\alpha-\beta}$

したがって

$$\therefore \quad \frac{1}{(x-\alpha)(x-\beta)} = \frac{1}{\alpha-\beta}\left(\frac{1}{x-\alpha} - \frac{1}{x-\beta}\right)$$

と部分分数展開される。

（1）　部分分数展開を使って変形していくと

$$\begin{aligned}
\text{与式} &= \frac{1}{3-2}\left(\frac{1}{D-3} - \frac{1}{D-2}\right)[e^{2x}] \\
&= \left(\frac{1}{D-3} - \frac{1}{D-2}\right)[e^{2x}] \\
&= \frac{1}{D-3}[e^{2x}] - \frac{1}{D-2}[e^{2x}] \\
&\underset{(\mathrm{i})}{\overset{\text{公式 4.3}}{=}} \frac{1}{2-3}e^{2x} - xe^{2x} \\
&= -e^{2x} - xe^{2x} \\
&= -(1+x)e^{2x}
\end{aligned}$$

分数式を上のように
分母の因数で展開
することを部分分数
展開というのよ。

（2） 逆演算子の分母を因数分解して部分分数に展開すると

$$\text{与式} = \frac{1}{(D-3)(D+1)}[\sin 3x]$$

$$= \frac{1}{3-(-1)}\left(\frac{1}{D-3} - \frac{1}{D+1}\right)[\sin 3x]$$

$$= \frac{1}{4}\left\{\frac{1}{D-3}[\sin 3x] - \frac{1}{D+1}[\sin 3x]\right\}$$

$$\underset{\text{(iii)}}{\overset{\text{公式 4.3}}{=}} \frac{1}{4}\left\{\frac{-1}{3^2+3^2}(3\sin 3x + 3\cos 3x) - \frac{-1}{(-1)^2+3^2}(-1\cdot\sin 3x + 3\cos 3x)\right\}$$

$$= \frac{1}{4}\left\{-\frac{1}{18}(3\sin 3x + 3\cos 3x) + \frac{1}{10}(-\sin 3x + 3\cos 3x)\right\}$$

$$= \frac{1}{30}(-2\sin 3x + \cos 3x)$$

（解終）

公式 4.3（i）

$$\frac{1}{D-\alpha}[e^{\alpha x}] = xe^{\alpha x}$$

$$\frac{1}{D-\alpha}[e^{\beta x}] = \frac{1}{\beta-\alpha}e^{\beta x}$$

$(\alpha \neq \beta)$

公式 4.3（iii）

$$\frac{1}{D-\alpha}[\sin\beta x] = -\frac{1}{\alpha^2+\beta^2}(\alpha\sin\beta x + \beta\cos\beta x)$$

$$\frac{1}{D-\alpha}[\cos\beta x] = \frac{1}{\alpha^2+\beta^2}(\beta\sin\beta x - \alpha\cos\beta x)$$

（いずれも $\beta \neq 0$）

練習問題 45 解答は p. 202

逆演算子の部分分数展開を利用して，次の関数を求めなさい。

（1） $\dfrac{1}{(D-2)(D+3)}[e^{-3x}]$　　（2） $\dfrac{1}{D^2+D-2}[\cos 2x]$

§3　微分演算子による線形微分方程式の解法

3.1　定係数線形同次微分方程式

ここでは，微分演算子を使って2階定係数線形同次微分方程式

$$y'' + ay' + by = 0 \quad \cdots (♪)$$

を解いてみよう。

まず方程式(♪)を，微分演算子 D を使って書き直すと

$$(D^2 + aD + b)[y] = 0 \quad \cdots (☆)$$

となる。ここで，y に作用している微分多項式

$$D^2 + aD + b$$

に注目しよう。どこかで見たことあるような式…。

この式の D を λ におきかえ"$=0$"を加えると

$$\lambda^2 + a\lambda + b = 0 \quad \cdots (★)$$

となる。これは(♪)の特性方程式にほかならない。つまり，(♪)の特性方程式が(☆)の演算子に現われているのである。

同次方程式(♪)の基本解は，特性方程式(★)の解の種類，つまり

(i)　相異なる2つの実数解

(ii)　重解

(iii)　2つの複素共役解

によって決まり，一般解は基本解の線形結合で書けるのであった。その結果を微分演算子を使って書くと，右頁の定理になる。

定理 4.5

微分演算子の型と基本解，一般解

方程式		基本解の組	一般解（C_1, C_2：任意定数）
(i)	$(D-\alpha)(D-\beta)[y]=0$	$\{e^{\alpha x}, e^{\beta x}\}$	$y=C_1e^{\alpha x}+C_2e^{\beta x}$
(ii)	$(D-\alpha)^2[y]=0$	$\{e^{\alpha x}, xe^{\alpha x}\}$	$y=C_1e^{\alpha x}+C_2xe^{\alpha x}$ $=(C_1+C_2x)e^{\alpha x}$
(iii)	$\{(D-\alpha)^2+\beta^2\}[y]=0$	$\{e^{\alpha x}\cos\beta x,$ $e^{\alpha x}\sin\beta x\}$	$y=C_1e^{\alpha x}\cos\beta x+C_2e^{\alpha x}\sin\beta x$ $=e^{\alpha x}(C_1\cos\beta x+C_2\sin\beta x)$

《説明》 特性方程式が 2 つの共役な複素数解 $\alpha+\beta i$，$\alpha-\beta i$ をもつ場合，特性方程式は

$$\{\lambda-(\alpha+\beta i)\}\{\lambda-(\alpha-\beta i)\}=0$$

となる。左辺を変形すると

$$\begin{aligned}左辺&=\{(\lambda-\alpha)-\beta i\}\{(\lambda-\alpha)+\beta i\}\\&=(\lambda-\alpha)^2-(\beta i)^2=(\lambda-\alpha)^2-\beta^2i^2\\&=(\lambda-\alpha)^2-\beta^2(-1)=(\lambda-\alpha)^2+\beta^2=0\end{aligned}$$

したがって，微分作用素が

$$(D-\alpha)^2+\beta^2$$

または，平方完成してこの形になれば，方程式の基本解はこの式に現われる α と β を使って

$$\{e^{\alpha x}\cos\beta x,\ e^{\alpha x}\sin\beta x\}$$

となる。　（説明終）

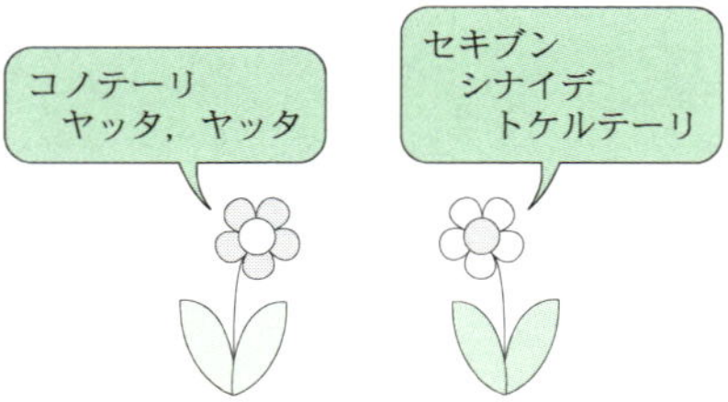
コノテーリ
ヤッタ，ヤッタ
セキブン
シナイデ
トケルテーリ

$i^2=-1$

例題 46

次の微分方程式を解いてみよう。

（1）　$(D-1)(D-2)[y]=0$　　（2）　$(D^2-4D)[y]=0$

（3）　$(D+2)^2[y]=0$　　（4）　$\{(D-2)^2+2^2\}[y]=0$

（5）　$(D^2+D+2)[y]=0$

解　微分演算子（微分多項式）は，実数の範囲で因数分解できるときは因数分解し，できないときは平方完成する。

（1）　微分演算子は因数分解できているので，式を見ながら

基本解は

$$\{e^{1\cdot x},\ e^{2x}\}=\{e^{x},\ e^{2x}\}$$

一般解は

$$y=C_1e^{x}+C_2e^{2x}\quad (C_1,\ C_2：任意定数)$$

（2）　微分演算子を因数分解すると

$$D(D-4)[y]=0$$

これより基本解は

$$\{e^{0\cdot x},\ e^{4x}\}=\{1,\ e^{4x}\}$$

一般解は

$$y=C_1\cdot 1+C_2e^{4x}$$

$$y=C_1+C_2e^{4x}\quad (C_1,\ C_2：任意定数)$$

（3）　特性方程式が，重解をもつ場合である。

基本解は $\{e^{-2x},\ xe^{-2x}\}$ なので，一般解は

$$y=C_1e^{-2x}+C_2xe^{-2x}\quad (C_1,\ C_2：任意定数)$$

または，e^{-2x} でくくって

$$y=(C_1+C_2x)e^{-2x}\quad (C_1,\ C_2：任意定数)$$

基 本 解

$$(D-\alpha)(D-\beta)[y]=0 \longrightarrow \{e^{\alpha x},\ e^{\beta x}\}$$

$$(D-\alpha)^2[y]=0 \longrightarrow \{e^{\alpha x},\ xe^{\alpha x}\}$$

$$\{(D-\alpha)^2+\beta^2\}[y]=0 \longrightarrow \{e^{\alpha x}\cos\beta x,\ e^{\alpha x}\sin\beta x\}$$

（4）　特性方程式が，複素数解をもつ場合である。

$\alpha=2$，$\beta=2$ より基本解は $\{e^{2x}\cos 2x,\ e^{2x}\sin 2x\}$ なので，一般解は

$$y=C_1e^{2x}\cos 2x+C_2e^{2x}\sin 2x$$

$$\therefore\quad y=e^{2x}(C_1\cos 2x+C_2\sin 2x)\quad (C_1,\ C_2：\text{任意定数})$$

（5）　微分演算子は因数分解できないので平方完成すると

$$\begin{aligned}D^2+D+2&=\left(D+\frac{1}{2}\right)^2-\left(\frac{1}{2}\right)^2+2\\&=\left(D+\frac{1}{2}\right)^2+\frac{7}{4}\\&=\left(D+\frac{1}{2}\right)^2+\left(\frac{\sqrt{7}}{2}\right)^2\end{aligned}$$

平方完成

$$x^2+ax+b=\left(x+\frac{a}{2}\right)^2-\left(\frac{a}{2}\right)^2+b$$

ゆえに，方程式は次の形となる。

$$\left\{\left(D+\frac{1}{2}\right)^2+\left(\frac{\sqrt{7}}{2}\right)^2\right\}[y]=0$$

$\alpha=-\dfrac{1}{2}$，$\beta=\dfrac{\sqrt{7}}{2}$ より，基本解は $\left\{e^{-\frac{1}{2}x}\cos\dfrac{\sqrt{7}}{2}x,\ e^{-\frac{1}{2}x}\sin\dfrac{\sqrt{7}}{2}x\right\}$

なので，一般解は

$$y=C_1e^{-\frac{1}{2}x}\cos\frac{\sqrt{7}}{2}x+C_2e^{-\frac{1}{2}x}\sin\frac{\sqrt{7}}{2}x$$

$$\therefore\quad y=e^{-\frac{1}{2}x}\left(C_1\cos\frac{\sqrt{7}}{2}x+C_2\sin\frac{\sqrt{7}}{2}x\right)\quad (C_1,\ C_2：\text{任意定数})$$

（解終）

練習問題 46　解答は p. 202

次の微分方程式を解きなさい。

（1）　$(D+1)(D-3)[y]=0$　　（2）　$(D^2+2D-3)[y]=0$

（3）　$(D^2+D)[y]=0$　　（4）　$(D^2+6D+10)[y]=0$

（5）　$(D-3)^2[y]=0$　　（6）　$(D^2+2)[y]=0$

3.2　定係数線形非同次微分方程式

2階線形非同次方程式

$$y'' + ay' + by = g(x) \quad (g(x) \not\equiv 0) \quad \cdots (♬)$$

の一般解は，同次方程式を

$$y'' + ay' + by = 0 \quad \cdots (♪)$$

とするとき，

［(♬)の一般解］＝［(♪)の一般解］＋［(♬)の特殊解］

となるのであった。

微分演算子を使った同次方程式(♪)の解法はすでに勉強した。ここでは，(♬)の特殊解を逆演算子を使って求め，非同次方程式(♬)を解いてみよう。

演算子と逆演算子

$$D[F(x)] = f(x) \quad \overset{\text{定義}}{\Longleftrightarrow} \quad F(x) = \frac{1}{D}[f(x)]$$

逆演算子にはいろいろな公式があったわね。
タクサン タクサン

$$\frac{1}{D}[f(x)] = \int_p f(x)\,dx$$

（原始関数の1つ）

公式 4.2

（i）　$\dfrac{1}{D-\alpha}[f(x)] = e^{\alpha x}\dfrac{1}{D}[e^{-\alpha x}f(x)]$

（ii）　$\dfrac{1}{D-\alpha}[e^{\alpha x}f(x)] = e^{\alpha x}\dfrac{1}{D}[f(x)]$

公式 4.3（i）

$$\frac{1}{D-\alpha}[e^{\alpha x}] = xe^{\alpha x}$$

$$\frac{1}{D-\alpha}[e^{\beta x}] = \frac{1}{\beta-\alpha}e^{\beta x}$$

$(\alpha \neq \beta)$

例題 47

次の微分方程式を解いてみよう。

$$(D^2-3D+2)[y]=e^x$$

解　特性方程式が，相異なる 2 つの実数解をもつ場合である。

微分多項式を因数分解して

$$(D-2)(D-1)[y]=e^x$$

これより同次方程式の基本解は $\{e^{2x}, e^x\}$ である。

次に特殊解を $v(x)$ とし，

$$(D-2)(D-1)[v(x)]=e^x$$

とおいて $v(x)$ を求める（左頁下参照）。逆演算子の部分分数展開を使って

$$v(x)=\frac{1}{(D-2)(D-1)}[e^x]=\left(\frac{1}{D-2}-\frac{1}{D-1}\right)[e^x]$$

$$=\frac{1}{D-2}[e^x]-\frac{1}{D-1}[e^x]$$

$$\underset{(\mathrm{i})}{\overset{\text{公式 4.3}}{=}}\frac{1}{1-2}e^x-xe^x=-e^x-xe^x$$

$$=-(x+1)e^x$$

ゆえに，一般解は

$$y=C_1e^{2x}+C_2e^x-(x+1)e^x\quad(C_1, C_2:\text{任意定数})$$

さらに (C_2-1) を改めて C_2 とおき直すと

$$y=C_1e^{2x}+C_2e^x-xe^x\quad(C_1, C_2:\text{任意定数})$$

（解終）

部分分数展開

$$\frac{1}{(D-\alpha)(D-\beta)}=\frac{1}{\alpha-\beta}\left(\frac{1}{D-\alpha}-\frac{1}{D-\beta}\right)$$

練習問題 47　解答は p. 203

次の微分方程式を解きなさい。

（1）$(D^2+5D+6)[y]=e^{-3x}$　　（2）$(D^2-5D-6)[y]=\sin 2x$

例題 48

次の微分方程式を解いてみよう。

（1）　$(D^2-4D+4)[y]=e^{2x}$　　（2）　$(D^2-4D+4)[y]=e^{x}$

（3）　$(D^2-4D+4)[y]=e^{2x}\sin x$

解　特性方程式が，重解をもつ場合である。

（1）～（3）の左辺の微分多項式を因数分解すると，

$$(D-2)^2[y]$$

ゆえに，いずれも同次方程式の基本解は $\{e^{2x},\ xe^{2x}\}$ となる。

（1）　特殊解を $v(x)$ とし，

$$(D-2)^2[v(x)]=e^{2x}$$

より $v(x)$ を求める。

$$v(x)=\frac{1}{(D-2)^2}[e^{2x}]\underset{（\mathrm{i}）}{\overset{公式4.4}{=}}\frac{1}{2}x^2e^{2x}$$

ゆえに，一般解は

$$y=C_1e^{2x}+C_2xe^{2x}+\frac{1}{2}x^2e^{2x}$$

$$y=e^{2x}\left(C_1+C_2x+\frac{1}{2}x^2\right)\quad（C_1,\ C_2：任意定数）$$

演算子と逆演算子

$D[F(x)]=f(x)$

$$\Longrightarrow\quad F(x)=\frac{1}{D}[f(x)]$$
$$=\int_p f(x)\,dx$$

（原始関数）

公式 4.4（i）

$$\frac{1}{(D-\alpha)^2}[e^{\alpha x}]=\frac{1}{2}x^2e^{\alpha x}$$

$$\frac{1}{(D-\alpha)^2}[e^{\beta x}]=\frac{1}{(\beta-\alpha)^2}e^{\beta x}\quad(\alpha\neq\beta)$$

公式 4.4（ii）

$$\frac{1}{(D-\alpha)^2}[e^{\alpha x}\sin\beta x]=-\frac{1}{\beta^2}e^{\alpha x}\sin\beta x$$

$$\frac{1}{(D-\alpha)^2}[e^{\alpha x}\cos\beta x]=-\frac{1}{\beta^2}e^{\alpha x}\cos\beta x$$

（2）　特殊解を $v(x)$ とし，

$$(D-2)^2[v(x)]=e^x$$

より $v(x)$ を求める。公式 4.4（i）（$\alpha=2$，$\beta=1$）を使って

$$v(x)=\frac{1}{(D-2)^2}[e^x]=\frac{1}{(D-2)^2}[e^{1\cdot x}]$$

$$\overset{\text{公式}}{=}\frac{1}{(1-2)^2}e^x=\frac{1}{(-1)^2}e^x=e^x$$

ゆえに，一般解は

$$y=C_1e^{2x}+C_2xe^{2x}+e^x$$

$$y=(C_1+C_2x)e^{2x}+e^x \quad (C_1, C_2：任意定数)$$

（3）　特殊解を $v(x)$ とし

$$(D-2)^2[v(x)]=e^{2x}\sin x$$

より $v(x)$ を求める。公式 4.4（ii）（$\alpha=2$，$\beta=1$）を使うと

$$v(x)=\frac{1}{(D-2)^2}[e^{2x}\sin x]=\frac{1}{(D-2)^2}[e^{2x}\sin(1\cdot x)]$$

$$\overset{\text{公式}}{=}-\frac{1}{1^2}e^{2x}\sin(1\cdot x)=-e^{2x}\sin x$$

ゆえに，一般解は

$$y=C_1e^{2x}+C_2xe^{2x}-e^{2x}\sin x$$

$$y=e^{2x}(C_1+C_2x-\sin x) \quad (C_1, C_2：任意定数)$$

（解終）

練習問題 48　解答は p. 204

次の微分方程式を解きなさい。

（1）　$(D^2-6D+9)[y]=e^x$　　（2）　$(D^2-6D+9)[y]=e^{3x}$

（3）　$(D^2-6D+9)[y]=e^{3x}\cos x$

例題 49

次の微分方程式を解いてみよう。

（1）　$(D^2+4)[y]=\sin 2x$　　（2）　$(D^2+4)[y]=\cos x$

（3）　$(D^2+4)[y]=\sin 3x$

解　特性方程式が，複素数解をもつ場合である。

（1）～（3）とも微分演算子は同じ。変形すると

$$D^2+4=(D-0)^2+2^2 \quad (\alpha=0,\ \beta=2)$$

なので，同次方程式の基本解は

$$\{e^{0\cdot x}\cos 2x,\ e^{0\cdot x}\sin 2x\}=\{\cos 2x,\ \sin 2x\}$$

である。

（1）　特殊解 $v(x)$ を求める。

$$(D^2+4)[v(x)]=\sin 2x$$

より，公式 4.5（i）（右頁参照）を使って

$$v(x)=\frac{1}{D^2+4}[\sin 2x]=\frac{1}{D^2+2^2}[\sin 2x]$$

$$\overset{\text{公式}}{=}-\frac{1}{2\cdot 2}x\cos 2x=-\frac{1}{4}x\cos 2x$$

ゆえに，一般解は

$$y=C_1\cos 2x+C_2\sin 2x-\frac{1}{4}x\cos 2x \quad (C_1,\ C_2：\text{任意定数})$$

（2）　特殊例を $v(x)$ とすると，公式 4.6（ii）（$k=2,\ \beta=1$）を用いて

$$(D^2+4)[v(x)]=\cos x$$

$$v(x)=\frac{1}{D^2+2^2}[\cos x]$$

$$\overset{\text{公式}}{=}\frac{1}{2^2-1^2}\cos x=\frac{1}{3}\cos x$$

ゆえに，一般解は

$$y=C_1\cos 2x+C_2\sin 2x+\frac{1}{3}\cos x \quad (C_1,\ C_2：\text{任意定数})$$

（3）　特殊解を $v(x)$ とし，公式 4.6（ｉ）（$k=2$，$\beta=3$）を用いると

$$(D^2+4)[v(x)]=\sin 3x$$

$$v(x)=\frac{1}{D^2+4}[\sin 3x]=\frac{1}{D^2+2^2}[\sin 3x]$$

$$\overset{\text{公式}}{=}\frac{1}{2^2-3^2}\sin 3x=-\frac{1}{5}\sin 3x$$

ゆえに，一般解は

$$y=C_1\cos 2x+C_2\sin 2x-\frac{1}{5}\sin 3x \quad (C_1,\ C_2：\text{任意定数})$$

（解終）

$D[F(x)]=f(x)$

$\Longleftrightarrow \quad F(x)=\dfrac{1}{D}[f(x)]$

公式 4.5

（ｉ）　$\dfrac{1}{D^2+\beta^2}[\sin\beta x]=-\dfrac{1}{2\beta}x\cos\beta x$

（ii）　$\dfrac{1}{D^2+\beta^2}[\cos\beta x]=\dfrac{1}{2\beta}x\sin\beta x$

公式を導くのは大変だったけど，公式を使えば特殊解 $v(x)$ が機械的に求まるのね。

公式 4.6

（ｉ）　$\dfrac{1}{D^2+k^2}[\sin\beta x]=\dfrac{1}{k^2-\beta^2}\sin\beta x$

（ii）　$\dfrac{1}{D^2+k^2}[\cos\beta x]=\dfrac{1}{k^2-\beta^2}\cos\beta x$

$(k\neq\beta)$

練習問題 49　解答は p. 204

次の微分方程式を解きなさい。

（1）　$(D^2+9)[y]=\cos 3x$　　（2）　$(D^2+9)[y]=\sin 2x$

（3）　$(D^2+9)[y]=\sin 3x$

§4　連立線形微分方程式

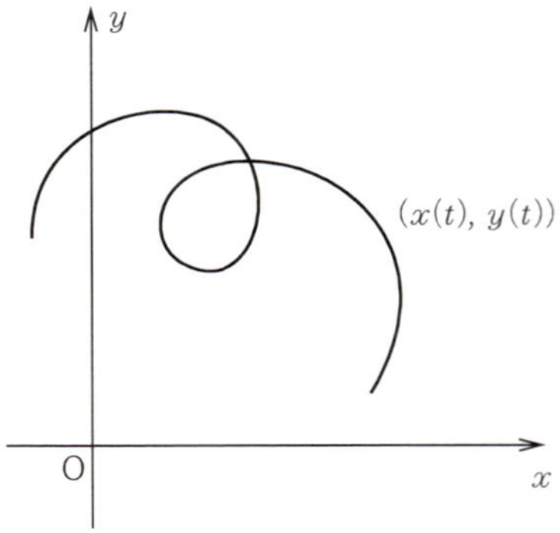

ここではいままでと異なり，x と y を t の関数とし，t をパラメータとする曲線

$$\begin{cases} x = x(t) \\ y = y(t) \end{cases}$$

についての微分方程式を考えてみよう。

$\alpha, \beta, \gamma, \delta$ を定数とするとき，微分方程式

$$\begin{cases} \dfrac{dx}{dt} = \alpha x + \beta y \\[2mm] \dfrac{dy}{dt} = \gamma x + \delta y \end{cases} \quad \text{または} \quad \begin{cases} \dot{x} = \alpha x + \beta y \\ \dot{y} = \gamma x + \delta y \end{cases}$$

を

連立1階線形微分方程式 または **1階線形微分方程式系**

などという。ここで「˙」の記号は t で微分することを意味し，

$$\dot{x} = \frac{dx}{dt}, \qquad \dot{y} = \frac{dy}{dt}$$

$$\ddot{x} = \frac{d^2x}{dt^2}, \qquad \ddot{y} = \frac{d^2y}{dt^2}$$

などとなる。

微分演算子 D も t で微分することを意味し，

$$D[x] = \dot{x}, \qquad D[y] = \dot{y}$$

$$D^2[x] = \ddot{x}, \qquad D^2[y] = \ddot{y}$$

などとする。

「$\dot{x}$」は「xドット」
「$\dot{y}$」は「yドット」
と読むのよ。
x や y が時刻 t の関数のときなどに使います。

レンリツ
レンリツ

連立微分方程式

$$☆\ \begin{cases} \dot{x} = \alpha x + \beta y \\ \dot{y} = \gamma x + \delta y \end{cases}$$

を変形すると

$$\begin{cases} (\dot{x} - \alpha x) - \beta y = 0 \\ \gamma x - (\dot{y} - \delta y) = 0 \end{cases}$$

となるので，これを微分演算子 D を用いて書くと

$$★\ \begin{cases} (D-\alpha)[x] - \beta[y] = 0 & \cdots ① \\ \gamma[x] - (D-\delta)[y] = 0 & \cdots ② \end{cases}$$

となる。

例題で練習するように，連立微分方程式★は普通の連立方程式と同じように変形することができる。

たとえば，①, ② より y を消去したいとき，

$$(D-\delta)\times ① \qquad (D-\delta)(D-\alpha)[x] - \beta(D-\delta)[y] = 0$$

$$\beta \times ② \qquad \beta\gamma[x] - \beta(D-\delta)[y] = 0$$

辺々を引くと，

$$(D-\delta)(D-\alpha)[x] - \beta\gamma[x] = 0$$

$$\therefore \quad \{(D-\delta)(D-\alpha) - \beta\gamma\}[x] = 0$$

となり，未知関数 x のみに関する方程式になる。

このように，微分演算子を使うと★を形式的に計算処理することができるが，$(D-\delta)\times ①$ のような操作は

$$\begin{aligned}(D-\delta)[f(t)] &= D[f(t)] - \delta[f(t)] \\ &= f'(t) - \delta f(t)\end{aligned}$$

という微分，定数倍，引き算の計算をしていることを忘れないように。

それでは，例題で具体的に解いていこう。

微分多項式

$$\begin{aligned}&(D^2 + aD + b)[y] \\ &\quad = D^2[y] + aD[y] + b[y] \\ &\quad = y'' + ay' + by\end{aligned}$$

例題 50

次の連立微分方程式を解いてみよう。

$$☆\ \begin{cases} \dot{x} = 2x - 5y \\ \dot{y} = \ \ x - 4y \end{cases}$$

$$\dot{x} = \frac{dx}{dt} = D[x]$$
$$\dot{y} = \frac{dy}{dt} = D[y]$$

解　☆を変形して，微分演算子 D を使って表わすと

$$\begin{cases} (\dot{x} - 2x) + 5y = 0 \\ \ \ x - (\dot{y} + 4y) = 0 \end{cases}$$

$$\longrightarrow \begin{cases} (D-2)[x] + \qquad 5[y] = 0 & \cdots ① \\ \qquad\quad [x] - (D+4)[y] = 0 & \cdots ② \end{cases}$$

となる。y を消去する方針で変形する（x でもよい）。

$$\begin{array}{rrr} & (D+4)\times ① & (D+4)(D-2)[x] + 5(D+4)[y] = 0 \\ +) & 5\times ② & 5[x] - 5(D+4)[y] = 0 \\ \hline & \{(D+4)(D-2)+5\}[x] & = 0 \end{array}$$

微分多項式を計算して

$$(D^2 + 2D - 3)[x] = 0 \ \longrightarrow\ (D+3)(D-1)[x] = 0 \quad \cdots ③$$

微分演算子の因数分解された式より，③の基本解は $\{e^{-3t}, e^{t}\}$ なので，一般解は

$$x = C_1 e^{-3t} + C_2 e^{t} \quad (C_1, C_2：任意定数)$$

x と y は
$\begin{cases} x = x(t) \\ y = y(t) \end{cases}$
という t の関数なので，気をつけてね。

基 本 解

$$\begin{aligned} (D-\alpha)(D-\beta)[y] = 0 &\ \longrightarrow\ \{e^{\alpha x}, e^{\beta x}\} \\ (D-\alpha)^2[y] = 0 &\ \longrightarrow\ \{e^{\alpha x}, xe^{\alpha x}\} \\ \{(D-\alpha)^2 + \beta^2\}[y] = 0 &\ \longrightarrow\ \{e^{\alpha x}\cos\beta x, e^{\alpha x}\sin\beta x\} \end{aligned}$$

これを①に代入して y を求める。

$(e^{ax})' = ae^{ax}$

$$5[y] = -(D-2)[x] = -D[x] + 2x = -\dot{x} + 2x$$
$$= -(C_1e^{-3t} + C_2e^t)' + 2(C_1e^{-3t} + C_2e^t)$$
$$= -(-3C_1e^{-3t} + C_2e^t) + (2C_1e^{-3t} + 2C_2e^t)$$
$$= 5C_1e^{-3t} + C_2e^t$$

$[x] = D^0[x] = x$
$[y] = D^0[y] = y$

$$\therefore \quad y = C_1e^{-3t} + \frac{1}{5}C_2e^t$$

（ここの任意定数 C_1, C_2 は，左頁で求めた関数 x における任意定数と関係しているので，やたらにおきかえてはいけない。）

以上より☆の一般解は

$$\begin{cases} x = C_1e^{-3t} + C_2e^t \\ y = C_1e^{-3t} + \dfrac{1}{5}C_2e^t \end{cases} \quad (C_1, C_2：任意定数)$$

（解終）

x を消去して y を先に求めると
$\begin{cases} x=C_1e^{-3t}+5C_2e^t \\ y=C_1e^{-3t}+C_2e^t \end{cases}$
となるけど両方正解よ。

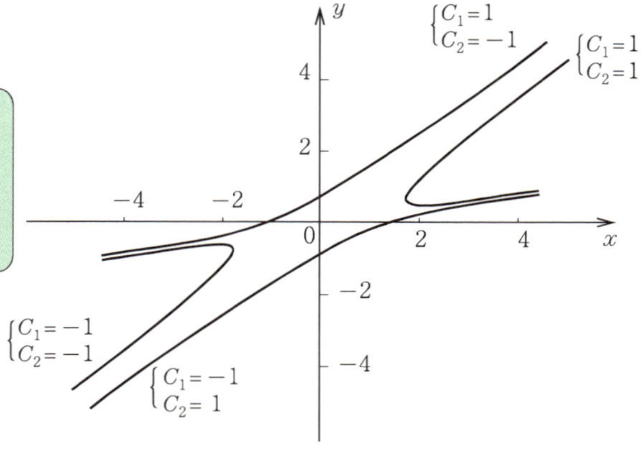

練習問題 50　解答は p. 205

次の連立微分方程式を解きなさい。

（1）$\begin{cases} \dot{x} = 4x - y \\ \dot{y} = 2x + y \end{cases}$　（2）$\begin{cases} \dot{x} = 2x - 6y \\ \dot{y} = 2x - 5y \end{cases}$

例題 51

次の連立微分方程式を解いてみよう。

（1）$\begin{cases} \dot{x} = x - 4y \\ \dot{y} = x + 5y \end{cases}$　　（2）$\begin{cases} \dot{x} = 2x - y \\ \dot{y} = 5x - 2y \end{cases}$

解　（1）方程式を変形し，D を使って書き直すと

$$\begin{cases} (\dot{x} - x) + 4y = 0 \\ x - (\dot{y} - 5y) = 0 \end{cases} \longrightarrow \begin{cases} (D-1)[x] + 4[y] = 0 & \cdots ① \\ [x] - (D-5)[y] = 0 & \cdots ② \end{cases}$$

x を消去する方針で変形する。

$$\begin{array}{lll} (D-1) \times ② & (D-1)[x] - (D-1)(D-5)[y] = 0 \\ -)\qquad ① & (D-1)[x] \qquad + 4[y] = 0 \\ \hline & \{-(D-1)(D-5) - 4\}[y] = 0 \end{array}$$

$$\therefore \quad (D^2 - 6D + 9)[y] = 0 \longrightarrow (D-3)^2[y] = 0 \quad \cdots ③$$

③の基本解は $\{e^{3t},\ te^{3t}\}$ なので，一般解は

$$y = C_1 e^{3t} + C_2 t e^{3t} = (C_1 + C_2 t)e^{3t} \quad (C_1, C_2：任意定数)$$

これを②に代入して x を求める。

$$\begin{aligned} [x] = x &= (D-5)[y] = D[y] - 5[y] = \dot{y} - 5y \\ &= \{(C_1 + C_2 t)e^{3t}\}' - 5\{(C_1 + C_2 t)e^{3t}\} \\ &= \{(C_1 + C_2 t)' e^{3t} + (C_1 + C_2 t)(e^{3t})'\} - 5(C_1 + C_2 t)e^{3t} \\ &= C_2 e^{3t} + 3(C_1 + C_2 t)e^{3t} - 5(C_1 + C_2 t)e^{3t} \\ &= \{(C_2 - 2C_1) - 2C_2 t\}e^{3t} \end{aligned}$$

これらより解は

$$\begin{cases} x = \{(C_2 - 2C_1) - 2C_2 t\}e^{3t} \\ y = (C_1 + C_2 t)e^{3t} \end{cases} \quad (C_1, C_2：任意定数)$$

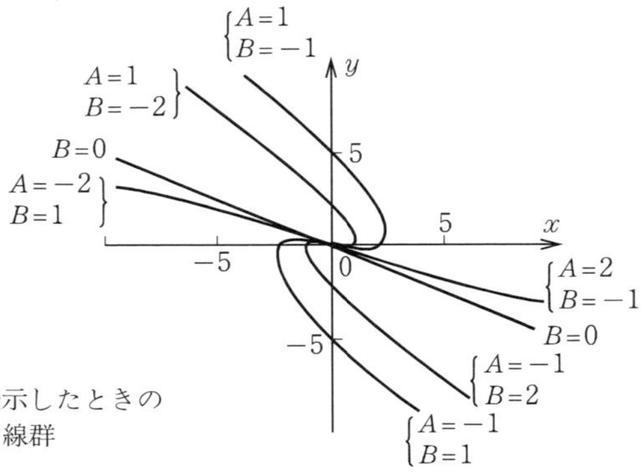

右図は解を

$\begin{cases} x = (A + Bt)e^{3t} \\ y = -\dfrac{1}{4}\{(2A + B) + 2Bt\}e^{3t} \end{cases}$　と表示したときの解曲線群

（2）　方程式を変形し，D を使って書き直すと

$$\begin{cases} (\dot{x}-2x)+y=0 \\ -5x+(\dot{y}+2y)=0 \end{cases} \longrightarrow \begin{cases} (D-2)[x]+[y]=0 & \cdots ① \\ -5[x]+(D+2)[y]=0 & \cdots ② \end{cases}$$

y を消去する方針で変形する。

$$\begin{array}{lr} (D+2)\times ① & (D+2)(D-2)[x]+(D+2)[y]=0 \\ -)\qquad ② & -5[x]+(D+2)[y]=0 \\ \hline & \{(D+2)(D-2)+5\}[x]\qquad =0 \end{array}$$

$$\therefore\quad (D^2+1)[x]=0 \longrightarrow (D^2+1^2)[x]=0$$

$[x]=D^0[x]=x$
$[y]=D^0[y]=y$

これより，基本解は $\{\cos t,\ \sin t\}$ なので，一般解は

$$x=C_1\cos t+C_2\sin t$$

これを①に代入して y を求める。

$$\begin{aligned} [y]=y&=-(D-2)[x]=-D[x]+2[x]=-\dot{x}+2x \\ &=-(C_1\cos t+C_2\sin t)'+2(C_1\cos t+C_2\sin t) \\ &=-(-C_1\sin t+C_2\cos t)+2(C_1\cos t+C_2\sin t) \\ &=(2C_1-C_2)\cos t+(C_1+2C_2)\sin t \end{aligned}$$

以上より，一般解は

$$\begin{cases} x=C_1\cos t+C_2\sin t \\ y=(2C_1-C_2)\cos t+(C_1+2C_2)\sin t \end{cases}$$
（C_1, C_2：任意定数）

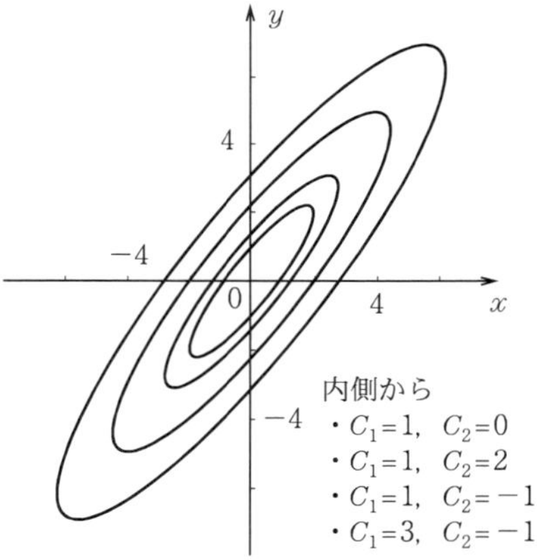

練習問題 51　解答は p. 206

次の連立微分方程式を解きなさい。

（1）　$\begin{cases} \dot{x}=x+y \\ \dot{y}=-x+3y \end{cases}$　　（2）　$\begin{cases} \dot{x}=-x+y \\ \dot{y}=-5x+y \end{cases}$

生存サバイバルは連立微分方程式で

ラップランドのユキフクロウはユキネズミだけを餌(えさ)としています。しかしここ数年，地球の温暖化の影響で，ユキネズミの数が急激に減ったため，ユキフクロウの絶滅が心配されています。

このような，2つまたはいくつかのものがお互いに影響し合い，時間の経過とともにそれらがどのように変化していくかを調べたいときに，連立微分方程式が使われます。比較的単純なモデルでは連立線形微分方程式となりますが，複雑なモデルでは線形になるとは限りません。

この章で勉強してきた

$$☆ \begin{cases} \dot{x} = \alpha x + \beta y \\ \dot{y} = \gamma x + \delta y \end{cases}$$

の形の連立線形微分方程式を解くと，解

$$x = x(t), \qquad y = y(t)$$

が得られます。この解は，時刻 t の変化につれて x と y がそれぞれどのように変化するかを表わしていますが，同時に t をパラメータとして x と y との関係も表わしています。t をいろいろと変化させたときの点 (x, y) の描く曲線が連立線形微分方程式☆の解曲線となりますが，t の変化につれて曲線が描かれるので **解軌道** とも呼ばれます。この解軌道は，x, y の解の形によりさまざまな振舞いをします。その振舞いは☆の2つの方程式より y(または x)を消去した後にできる定係数2階線形微分方程式の特性方程式

$$\lambda^2 - (\alpha + \delta)\lambda + (\alpha\delta - \gamma\beta) = 0$$

の解 λ_1, λ_2 により右頁のようになります。矢印"→"の方向が $t \to \infty$ となる方向です。

解軌道が安定または漸近的安定なら，将来ある一定範囲の生息数が望めます。ラップランドのユキフクロウは，はたして絶滅の危機から逃れることができるでしょうか？

この特性方程式は行列 $\begin{bmatrix} \alpha & \beta \\ \gamma & \delta \end{bmatrix}$ の固有値を求める式にもなっているので「線形代数」ととっても深く関係しているのよ。

$0<\lambda_1<\lambda_2$　（不安定）

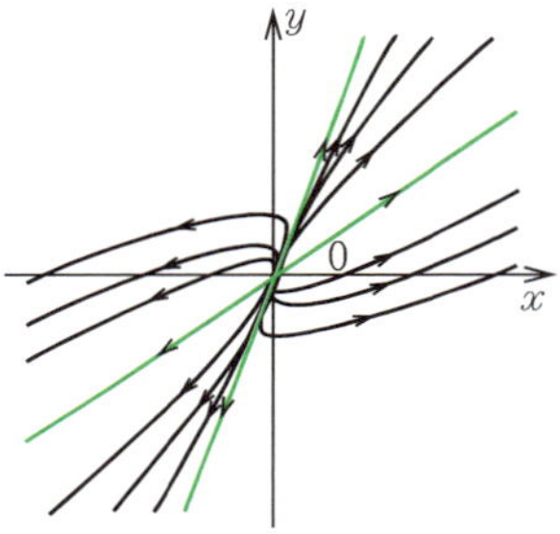

$\lambda_1<\lambda_2<0$　（漸近的安定）

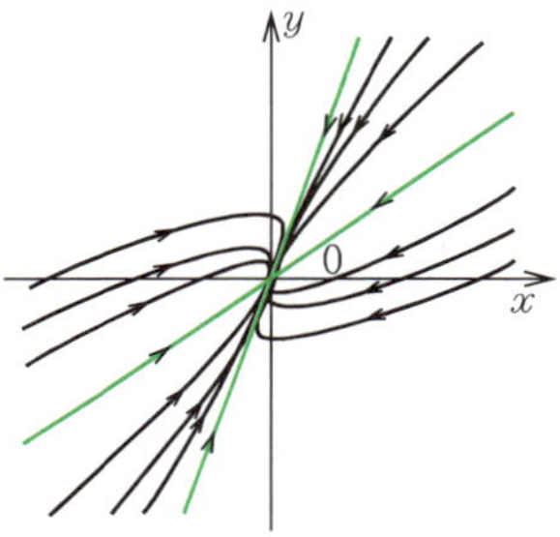

$\lambda_1<0<\lambda_2$　（不安定）

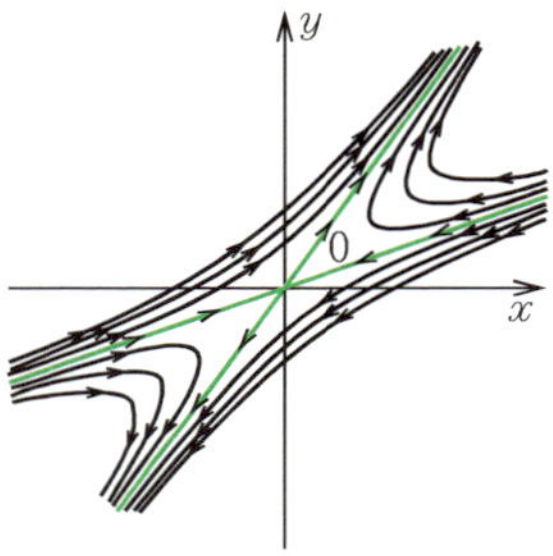

$\lambda_1=\lambda_2>0$　（不安定）

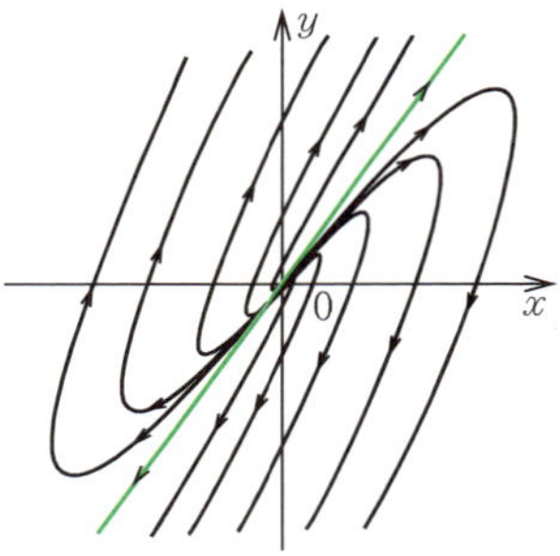

$\lambda_1=\lambda_2<0$　（漸近的安定）

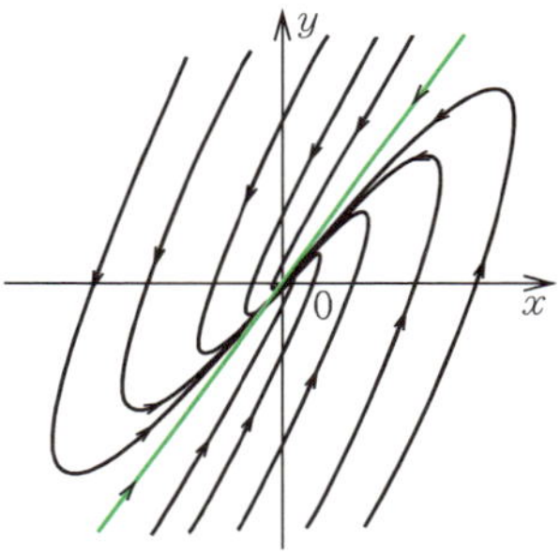

$\lambda_1, \lambda_2=\pm qi$
（安定）

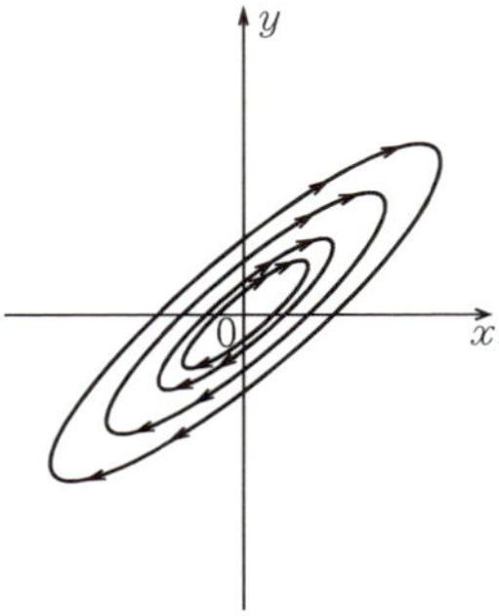

$\lambda_1, \lambda_2=p\pm qi$（$p>0$）
（不安定）

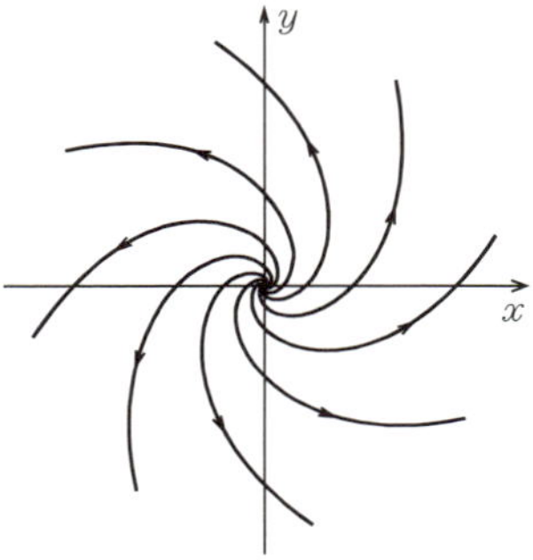

$\lambda_1, \lambda_2=p\pm qi$（$p<0$）
（漸近的安定）

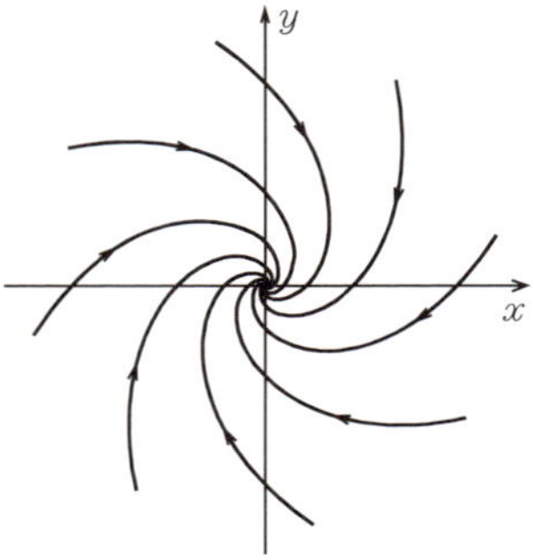

総合練習 4

1. 次の方程式を解きなさい。

（1）$(D^2-2D-3)[y]=\cos x$　　（2）$(D^2-4D-5)[y]=e^x$

（3）$(D^2-2D+1)[y]=\sin 2x$　　（4）$(D^2+4D+4)[y]=e^{-2x}$

（5）$(D^2-9)[y]=e^{3x}$　　（6）$(D^2+3D)[y]=x$

（7）$(D^2-2D)[y]=e^{2x}\sin x$　　（8）$(D^2+9)[y]=\sin 3x-\cos x$

（9）$(D^4-1)[y]=0$　　（10）$(D^4+D^2)[y]=0$

2. 次の連立線形微分方程式を解きなさい。また，与えられた初期条件をみたす解も求めなさい。

（1）$\begin{cases}\dot{x}=2x+y\\ \dot{y}=-3x-2y\end{cases}$　$\begin{cases}x(0)=0\\ y(0)=2\end{cases}$

（2）$\begin{cases}\dot{x}=2x-y\\ \dot{y}=4x+2y\end{cases}$　$\begin{cases}x(0)=1\\ y(0)=2\end{cases}$

（3）$\begin{cases}\dot{x}=x-4y+2\\ \dot{y}=3x-6y\end{cases}$　$\begin{cases}x(0)=4\\ y(0)=2\end{cases}$

（4）$\begin{cases}\dot{x}=-x-y+1\\ \dot{y}=4x+3y-1\end{cases}$　$\begin{cases}x(0)=0\\ y(0)=0\end{cases}$

初期条件

$\begin{cases}x(a)=b\\ y(a)=c\end{cases} \iff \begin{cases}t=a\text{ のとき}\\ \quad x=b,\ y=c\end{cases}$

(1) (2) は同次方程式
(3) (4) は非同次方程式よ。
解答は p. 207

第5章

ベキ級数解と近似解

§1　ベキ級数解

1.1　ベキ級数展開

$$A_0 + A_1(x-a) + A_2(x-a)^2 + A_3(x-a)^3 + \cdots$$

の形の式を $x=a$ を中心とする **ベキ級数** という。ベキ級数は収束しないと，関数としては意味をもたない。

微分積分では，次のテイラー展開についての定理を勉強した。

定理 5.1　［テイラーの定理］

関数 $f(x)$ が a を含む区間 I において n 回微分可能とする。このとき，I の任意の点 x に対して

$$f(x) = f(a) + \frac{f'(a)}{1!}(x-a) + \frac{f''(a)}{2!}(x-a)^2 + \cdots$$
$$\cdots + \frac{f^{(n-1)}(a)}{(n-1)!}(x-a)^{n-1} + R_n$$

$$R_n = \frac{f^{(n)}(c)}{n!}(x-a)^n \quad (x<c<a \text{ または } a<c<x)$$

となるような c が存在する。

《説明》　この定理の R_n は**剰余項**と呼ばれ，級数展開では重要な役目を負っている。$f(x)$ が区間 I において何回でも微分可能で，剰余項について $R_n \to 0$ $(n\to\infty)$ なら，

$$f(x) = f(a) + \frac{f'(a)}{1!}(x-a) + \frac{f''(a)}{2!}(x-a)^2 + \cdots$$
$$\cdots + \frac{f^{(n)}(a)}{n!}(x-a)^n + \cdots \qquad \cdots(\mathrm{T})$$

と，ベキ級数展開される。この展開を

$x=a$ を中心とする $f(x)$ の**テイラー展開**

という。

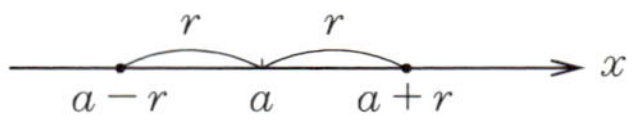

また，剰余項 R_n について

$|x-a|<r$ 　のとき　$R_n \to 0$ 　$(n\to\infty)$

$|x-a|>r$ 　のとき　R_n は 0 に収束しない

が成立するとき，r を級数(T)の**収束半径**という。

特に，$a=0$ のときのテイラー展開

$$f(x)=f(0)+\frac{f'(0)}{1!}x+\frac{f''(0)}{2!}x^2+\cdots+\frac{f^{(n)}(0)}{n!}x^n+\cdots$$

を**マクローリン展開**という。

よく使われる関数について，マクローリン展開を示しておく。カッコ内は級数の収束半径である。　（説明終）

［初等関数のマクローリン展開］

- $e^x=1+\frac{1}{1!}x+\frac{1}{2!}x^2+\cdots+\frac{1}{n!}x^n+\cdots$ 　$(-\infty<x<\infty)$
- $\log(1+x)=x-\frac{1}{2}x^2+\frac{1}{3}x^3-\cdots+\frac{(-1)^{n-1}}{n}x^n+\cdots$ 　$(-1<x\leqq 1)$
- $\sin x=x-\frac{1}{3!}x^3+\frac{1}{5!}x^5-\cdots+\frac{(-1)^n}{(2n+1)!}x^{2n+1}+\cdots$ 　$(-\infty<x<\infty)$
- $\cos x=1-\frac{1}{2!}x^2+\frac{1}{4!}x^4-\cdots+\frac{(-1)^n}{(2n)!}x^{2n}+\cdots$ 　$(-\infty<x<\infty)$
- $\frac{1}{1+x}=1-x+x^2-\cdots+(-1)^n x^n+\cdots$ 　$(-1<x<1)$

$n!=n(n-1)\cdots 3\cdot 2\cdot 1$

ベキ級数を使って微分方程式を解くときに必要となる性質を以下に定理としてあげておく。

定理 5.2

2つの関数 $f(x)$, $g(x)$ が

$$f(x) = A_0 + A_1(x-a) + A_2(x-a)^2 + \cdots \quad (|x-a| < r_1)$$

$$g(x) = B_0 + B_1(x-a) + B_2(x-a)^2 + \cdots \quad (|x-a| < r_2)$$

とベキ級数展開されるとき,

（i）$f(x) + g(x) = (A_0 + B_0) + (A_1 + B_1)(x-a) + (A_2 + B_2)(x-a)^2 + \cdots \quad (|x-a| < r)$

（ii）$kf(x) = kA_0 + kA_1(x-a) + kA_2(x-a)^2 + \cdots \quad (|x-a| < r_1)$

（iii）$f(x)g(x) = A_0B_0 + (A_0B_1 + A_1B_0)(x-a) + (A_0B_2 + A_1B_1 + A_2B_0)(x-a)^2 + \cdots \quad (|x-a| < r)$

が成立する。ただし，r は r_1 と r_2 の小さい方とする。

《説明》　この定理は，収束範囲内であれば，ベキ級数を普通の多項式と同じように計算できることを示している。ただし，$f(x) + g(x)$, $f(x)g(x)$ は $f(x)$ と $g(x)$ がともに収束しないと意味をもたないので，収束範囲は両方の共通範囲となる。 （説明終）

定理 5.3 ［**項別微分可能，項別積分可能**］

$f(x)$ が

$$f(x) = A_0 + A_1(x-a) + A_2(x-a)^2 + \cdots \qquad (|x-a| < r)$$

とベキ級数展開されるとき，$f(x)$ の微分と積分は，それぞれ

$$f'(x) = A_1 + 2A_2(x-a) + 3A_3(x-a)^2 + \cdots \quad (|x-a| < r)$$

$$\int_p f(x)dx = A_0(x-a) + \frac{1}{2}A_1(x-a)^2 + \frac{1}{3}A_2(x-a)^3 + \cdots \qquad (|x-a| < r)$$

とベキ級数展開される。

《**説明**》 $f(x)$ のベキ級数展開において，各項をそれぞれ微分(**項別微分**)して作った級数は $f'(x)$ に収束し，各項をそれぞれ積分(**項別積分**)して作った級数は $f(x)$ の原始関数に収束する。したがって，収束範囲内であれば微分も積分も多項式と同様に計算できる。　(説明終)

定理 5.4

2 つの関数 $f(x)$，$g(x)$ が

$$f(x) = A_0 + A_1(x-a) + A_2(x-a)^2 + \cdots \quad (|x-a| < r_1)$$

$$g(x) = B_0 + B_1(x-a) + B_2(x-a)^2 + \cdots \quad (|x-a| < r_2)$$

と展開されるとき

$$f(x) = g(x) \iff A_0 = B_0,\ A_1 = B_1,\ A_2 = B_2,\ \cdots \quad (r_1 = r_2)$$

が成立する。

《**説明**》 この定理より，もし $f(x)$ が $x = a$ を中心にベキ級数展開されるなら，それはテイラー展開と一致してしまう。つまり，ベキ級数展開の係数は必ずテイラー展開の係数と一致することになる。

また，微分方程式をベキ級数を用いて解く際，未知関数のベキ級数展開の係数を決めるときにこの定理が使われる(p. 152，1.2 節「ベキ級数解」参照)。

(説明終)

例題 52

$f(x) = \dfrac{1}{1+x}$，$g(x) = e^x$ のマクローリン展開を使って，次の関数の x^3 までのマクローリン展開を求めてみよう。

（1）$\dfrac{1}{1+x} + e^x$　　（2）$\dfrac{e^x}{1+x}$　　（3）$(e^x)'$

解　$f(x)$ と $g(x)$ のマクローリン展開を x^3 まで書き出すと（p. 147 参照）

$$f(x) = \frac{1}{1+x} = 1 - x + x^2 - x^3 + \cdots \quad (-1 < x < 1)$$

$$g(x) = e^x = 1 + x + \frac{1}{2}x^2 + \frac{1}{6}x^3 + \cdots \quad (-\infty < x < \infty)$$

$f(x)$, $g(x)$ がともに収束するのは，収束範囲の共通部分なので $-1 < x < 1$ である。

（1）$f(x) + g(x)$ の展開を求めるには，x の同じベキの係数を加えればよいので

$$\begin{aligned}\frac{1}{1+x} + e^x &= f(x) + g(x) \\ &= (1+1) + (-1+1)x + \left(1 + \frac{1}{2}\right)x^2 + \left(-1 + \frac{1}{6}\right)x^3 + \cdots \\ &= 2 + 0 \cdot x + \frac{3}{2}x^2 - \frac{5}{6}x^3 + \cdots \\ &= 2 + \frac{3}{2}x^2 - \frac{5}{6}x^3 + \cdots \qquad (-1 < x < 1)\end{aligned}$$

（2）$f(x)g(x)$ の展開を求めるには，$f(x)$ と $g(x)$ の各項の積で定数項，x の項，x^2 の項，… となるものを順次取り出してベキ級数にまとめればよい。x^3 の項まで求めたいので，x^4 以降の項は “…” の中へ入れてしまうと，

マクローリン展開

- $e^x = 1 + \dfrac{1}{1!}x + \dfrac{1}{2!}x^2 + \cdots + \dfrac{1}{n!}x^n + \cdots \quad (-\infty < x < \infty)$
- $\dfrac{1}{1+x} = 1 - x + x^2 - \cdots + (-1)^n x^n + \cdots \quad (-1 < x < 1)$

$$\frac{e^x}{1+x} = f(x)g(x)$$
$$= (1-x+x^2-x^3+\cdots)\left(1+x+\frac{1}{2}x^2+\frac{1}{6}x^3+\cdots\right)$$
$$= (1\cdot 1)+(1\cdot 1-1\cdot 1)x+\left(1\cdot\frac{1}{2}-1\cdot 1+1\cdot 1\right)x^2$$
$$+\left(1\cdot\frac{1}{6}-1\cdot\frac{1}{2}+1\cdot 1-1\cdot 1\right)x^3+\cdots$$
$$= 1+0\cdot x+\frac{1}{2}x^2-\frac{1}{3}x^3+\cdots$$
$$= 1+\frac{1}{2}x^2-\frac{1}{3}x^3+\cdots \qquad (-1<x<1)$$

（3）　微分して x^3 までの展開を求めたいので，e^x の x^4 までの展開を使うと

$$(e^x)' = \left(1+x+\frac{1}{2}x^2+\frac{1}{6}x^3+\frac{1}{24}x^4+\cdots\right)'$$

項別微分して

$$= 1'+x'+\left(\frac{1}{2}x^2\right)'+\left(\frac{1}{6}x^3\right)'+\left(\frac{1}{24}x^4\right)'+\cdots$$
$$= 0+1+x+\frac{1}{2}x^2+\frac{1}{6}x^3+\cdots$$
$$= 1+x+\frac{1}{2}x^2+\frac{1}{6}x^3+\cdots$$
$$(-\infty<x<\infty)$$

（この最後の級数は e^x のマクローリン展開となっていることに注意。）　（解終）

あっ　ほんと。
級数展開を使っても
ちゃんと
$(e^x)'=e^x$
になってる！

練習問題 52　解答は p. 209

$f(x)=\sin x$，$g(x)=\cos x$，$h(x)=e^x$ のマクローリン展開を使って，次の関数の x^3 までのマクローリン展開を求めなさい。

（1）　$2\sin x-\cos x$　　（2）　$e^x\cos x$　　（3）　$(\cos x)'$

1.2　ベキ級数解

ここでは，ベキ級数を用いて微分方程式の初期値問題を解く方法を勉強する。

> **収束半径 r**
> $|x-a|<r$ のとき収束
> $|x-a|>r$ のとき発散

一般に，ベキ級数を用いて微分方程式を

初期条件：　$y(a)=b$　（$x=a$ のとき $y=b$）

のもとで解く場合，

$$y=b+A_1(x-a)+A_2(x-a)^2+\cdots+A_n(x-a)^n+\cdots$$

とおいて，定数 $A_1, A_2, \cdots, A_n, \cdots$ を決めていく。その際，解こうとする微分方程式にベキ級数解が存在するかどうかということが問題になるが，本書では，ベキ級数解が存在する場合のみを取り扱うことにする。

また，求まったベキ級数解の収束半径については次の定理が成立している。

定理 5.5

$x=a$ を中心とするベキ級数

$$A_0+A_1(x-a)+A_2(x-a)^2+\cdots+A_n(x-a)^n+\cdots \quad \cdots \text{(S)}$$

における係数について

$$\lim_{n\to\infty}\left|\frac{A_{n+1}}{A_n}\right|=L$$

が成立するとき，ベキ級数(S)の収束半径 r について

$$r=\frac{1}{L}$$

が成立する。ただし，$L=0$ のときは $r=\infty$，$L=\infty$ のときは $r=0$ とする。

詳しく勉強するには
数列や級数の知識が
必要よ。

《説明》　微分方程式のベキ級数解が形式的に求まった後，その級数が収束する範囲を明確にしなければならない。そのとき，この定理を用いるが，級数の一般項を求めるのはなかなか大変なので，本書でははじめの数項を求める程度とする。　　（説明終）

例題 53

次の初期値問題のベキ級数解を x^3 の項まで求めてみよう。

$$(1+x)y'=1, \quad y(0)=0$$

解　初期条件より

$$y = 0 + A_1(x-0) + A_2(x-0)^2 + A_3(x-0)^3 + \cdots$$
$$= A_1x + A_2x^2 + A_3x^3 + \cdots$$

とおいて微分方程式へ代入すると

$$(1+x)(A_1x + A_2x^2 + A_3x^3 + \cdots)' = 1$$

項別微分して計算すると

$$(1+x)(A_1 + 2A_2x + 3A_3x^2 + \cdots) = 1$$

左辺は x^2 の項まで計算すると

$$1\cdot A_1 + (2A_2 + A_1)x + (3A_3 + 2A_2)x^2 + \cdots = 1$$

両辺を比較して

$$A_1 = 1,\ 2A_2 + A_1 = 0,\ 3A_3 + 2A_2 = 0,\ \cdots$$

これより

$$A_1 = 1,\ A_2 = -\frac{1}{2}A_1 = -\frac{1}{2},\ A_3 = -\frac{2}{3}A_2 = -\frac{2}{3}\left(-\frac{1}{2}\right) = \frac{1}{3}, \cdots$$

したがって，求める関数 y は

$$y = x - \frac{1}{2}x^2 + \frac{1}{3}x^3 + \cdots$$

（解終）

注　係数の一般項の関係式 $A_{n+1} = -\dfrac{n}{n+1}A_n$ より $A_n = (-1)^{n-1}\dfrac{1}{n}$ となる。定理 5.5 より収束半径は 1 となる。したがって，求まった級数は $\log(1+x)$ のマクローリン展開である。

（注終）

練習問題 53

解答は p. 210

次の初期値問題のベキ級数解を x^4 の項まで求めなさい。

（1）　$y' = y - 1,\ y(0) = 2$　　（2）　$(x-1)y' = xy,\ y(0) = -1$

例題 54

次の初期値問題のベキ級数解を $(x-1)^3$ の項まで求めてみよう。

$$y' + 2y = 2x - 1, \quad y(1) = 1$$

解　$u = x - 1$ とおいて，微分方程式の独立変数 x を u にかえておこう。

$\dfrac{du}{dx} = 1$ と合成関数の微分公式を使うと

$$y' = \frac{dy}{dx} = \frac{dy}{du}\frac{du}{dx}$$

$$= \frac{dy}{du}\cdot 1 = \frac{dy}{du}$$

$\dfrac{dy}{dx}$：y を x で微分

$\dfrac{dy}{du}$：y を u で微分

合成関数の微分公式

$y = f(g(x))$ のとき

$u = g(x)$ とおくと $y = f(u)$

$$y' = f'(u)\cdot u'$$

$$\frac{dy}{dx} = \frac{dy}{du}\frac{du}{dx}$$

これを微分方程式に代入すると

$$\frac{dy}{du} + 2y = 2(u+1) - 1$$

$$\frac{dy}{du} + 2y = 2u + 1 \qquad \cdots ①$$

また，初期条件 $y(1) = 1$（$x = 1$ のとき $y = 1$）は $u = x - 1$ という関係より

初期条件：　$u = 0$ のとき $y = 1$　…②

にかわる。

①のベキ級数解を初期条件②より

$$y = 1 + A_1(u - 0) + A_2(u - 0)^2 + A_3(u - 0)^3 + \cdots$$

$$= 1 + A_1u + A_2u^2 + A_3u^3 + \cdots \qquad \cdots ③$$

とおき，①に代入すると

$$(1 + A_1u + A_2u^2 + A_3u^3 + \cdots)' + 2(1 + A_1u + A_2u^2 + A_3u^3 + \cdots) = 2u + 1$$

項別微分して計算していくと

$$(A_1 + 2A_2u + 3A_3u^2 + \cdots) + (2 + 2A_1u + 2A_2u^2 + 2A_3u^3 + \cdots) = 2u + 1$$

$$(A_1 + 2) + (2A_2 + 2A_1)u + (3A_3 + 2A_2)u^2 + \cdots = 1 + 2u$$

両辺を比較して $A_1, A_2, A_3, \cdots$ を求める。

$$A_1 + 2 = 1,\ 2A_2 + 2A_1 = 2,\ 3A_3 + 2A_2 = 0, \cdots$$

$$A_1 = -1,\ A_2 = 1 - A_1 = 2,\ A_3 = -\frac{2}{3}A_2 = -\frac{4}{3}, \cdots$$

これを③へ代入すると

$$y = 1 - u + 2u^2 - \frac{4}{3}u^3 + \cdots$$

となる。$u = x - 1$ なので，代入してもとにもどすと

$$y = 1 - (x-1) + 2(x-1)^2 - \frac{4}{3}(x-1)^3 + \cdots$$

これが求める級数解。　　　　　　　　　　　　　　　　　　　　（解終）

注　$n \geqq 2$ のとき，$(n+1)A_{n+1} + 2A_n = 0$ が成立。これより

$$A_n = (-1)^{n-2}\frac{2^{n-2}}{n(n-1)\cdots 3}A_2 = (-1)^{n-2}\frac{2^n}{n!} \quad (n \geqq 2)$$

となり，定理5.5より収束半径は ∞ となる。求まった級数は $y = (x-1) + e^{-2(x-1)}$ に収束する。　　　　　　　　　　　　　　　　　　　　（注終）

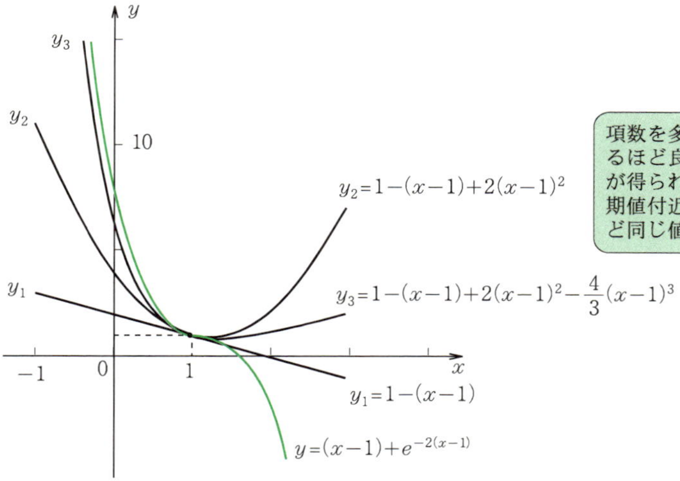

項数を多くとればとるほど良い近似関数が得られるけど，初期値付近ではほとんど同じ値ね。

練習問題 54　解答は p. 211

次の初期値問題のベキ級数解を $(x-1)^3$ の項まで求めなさい。

（1）　$xy' = 1,\ y(1) = 0$　　　　（2）　$xy' = (x+1)y,\ y(1) = 1$

例題 55

次の初期値問題のベキ級数解を x^4 の項まで求めてみよう。

$$y'' + y = 0, \quad y(0) = 1, \quad y'(0) = 1$$

《説明》 一般に，

初期条件：　$y(a) = b_1$，$y'(a) = b_2$　（$x = a$ のとき $y = b_1$，$y' = b_2$）

が与えられているとき，未知関数は $x = a$ を中心としたベキ級数

$$y = b_1 + b_2(x-a) + A_2(x-a)^2 + \cdots + A_n(x-a)^n + \cdots$$

とおくことができる。（説明終）

解　初期条件より

$$y = 1 + 1\cdot(x-0) + A_2(x-0)^2 + A_3(x-0)^3 + A_4(x-0)^4 + \cdots$$
$$= 1 + x + A_2x^2 + A_3x^3 + A_4x^4 + \cdots \quad \cdots ①$$

とおくと，項別微分して

$$y' = 1 + 2A_2x + 3A_3x^2 + 4A_4x^3 + \cdots$$
$$y'' = 2A_2 + 6A_3x + 12A_4x^2 + \cdots$$

これらを微分方程式に代入する。

$$(2A_2 + 6A_3x + 12A_4x^2 + \cdots) + (1 + x + A_2x^2 + A_3x^3 + A_4x^4 + \cdots) = 0$$
$$(2A_2 + 1) + (6A_3 + 1)x + (12A_4 + A_2)x^2 + \cdots = 0$$

両辺を比較して

$$2A_2 + 1 = 0,\ 6A_3 + 1 = 0,\ 12A_4 + A_2 = 0, \cdots$$

ゆえに，

$$A_2 = -\frac{1}{2},\ A_3 = -\frac{1}{6},$$

$$A_4 = -\frac{1}{12}A_2 = -\frac{1}{12}\cdot\left(-\frac{1}{2}\right) = \frac{1}{24}, \cdots$$

これらを①へ代入すると次の級数解が得られる。

$$y = 1 + x - \frac{1}{2}x^2 - \frac{1}{6}x^3 + \frac{1}{24}x^4 + \cdots$$

（解終）

注 $n \geqq 2$ のとき，$n(n-1)A_n + A_{n-2} = 0$ が成立する。これより

$$n = 2m\ (\text{偶数})\text{のとき} \qquad A_{2m} = (-1)^m \frac{1}{(2m)!} \quad (m \geqq 1)$$

$$n = 2m-1\ (\text{奇数})\text{のとき} \qquad A_{2m-1} = (-1)^{m-1} \frac{1}{(2m-1)!} \quad (m \geqq 2)$$

また，$\lim_{n\to\infty}\left|\frac{A_n}{A_{n-2}}\right| = \lim_{n\to\infty}\frac{1}{n(n-1)} = 0$ なので，ベキ級数を1つおきにとり出した2つの級数

$$1 + A_2x^2 + A_4x^4 + \cdots$$
$$x + A_3x^3 + A_5x^5 + \cdots$$

はそれぞれ収束し，収束半径は ∞ である。これより，求めた級数解は

$$y = \left\{1 - \frac{1}{2}x^2 + \frac{1}{24}x^4 + \cdots + (-1)^m\frac{1}{(2m)!}x^{2m} + \cdots\right\} + \left\{x - \frac{1}{6}x^3 + \cdots + (-1)^{m-1}\frac{1}{(2m-1)!}x^{2m-1} + \cdots\right\}$$
$$= \cos x + \sin x$$

となる。 （注終）

練習問題 55 解答は p. 212

次の初期値問題のベキ級数解を x^4 の項まで求めなさい。

（1） $y'' - 3y' + 2y = 0$，$y(0) = 2$，$y'(0) = 3$

（2） $y'' - 3y' + 2y = \cos x$，$y(0) = 0$，$y'(0) = 1$

§2　近似解

ここでは，初期値問題の近似解，つまり厳密解を近似する関数を求める1つの方法を紹介しよう。

その前に次の定理を証明しておく。

定理 5.6

次の微分方程式(初期値問題)(＊)と積分方程式(＊＊)は同じ解関数をもつ。

$$(*) \qquad y' = f(x, y),\ \ y(a) = b$$

$$(**) \qquad y = b + \int_a^x f(t, y(t))\,dt$$

ただし，$f(x, y)$ は (a, b) を含む xy 平面上のある領域で連続，かつ y に関する偏導関数も連続であるとする。

【証明】　はじめに(＊)の解関数 $y = y(x)$ は，(＊＊)の式をみたすことを示そう。

$f(x, y)$ の条件より(＊)にはただ1つの解が存在する(p. 4，定理 1.1)。その解関数を $y = y(x)$ とすると

$$\begin{cases} y' = f(x, y(x)) & \cdots ① \\ y(a) = b & \cdots ② \end{cases}$$

が成立する。ここで①の両辺を x で積分すると

原始関数

$F'(x) = f(x)$

$\iff$ $F(x)$ は $f(x)$ の原始関数

$$y = \int f(x, y(x))\,dx$$

$$= \int_p f(x, y(x))\,dx + C$$

とかける。第1項の $\int_p$ は原始関数の1つを表わし，C は任意定数である。

この原始関数として,

$$\int_p f(x, y(x))\,dx = \int_a^x f(t, y(t))\,dt$$

を採用する(「微分積分学の基本定理」参照)と

微分積分学の基本定理

$y = f(x)$ が $[a, b]$ 上で連続のとき

$$S(x) = \int_a^x f(t)\,dt \quad (a \leqq x \leqq b)$$

は $f(x)$ の原始関数の 1 つである。

やさしく学べる微分積分 p. 106

$$y = \int_a^x f(t, y(t))\,dt + C \quad \cdots③$$

となる。

初期条件②を代入して任意定数 C を定める。③へ $x = a$ を代入して

$$y(a) = \int_a^a f(t, y(t))\,dt + C = 0 + C = C = b$$

ゆえに, ①②をみたす解 $y = y(x)$ は

$$y = b + \int_a^x f(t, y(t))\,dt \quad \cdots(**)$$

をみたしていることがわかった。

次に, $(**)$ の解関数 $y = y(x)$ が $(*)$ をみたすことを示そう。

$(**)$ 式の両辺を x で微分すると

$$y' = \left\{ b + \int_a^x f(t, y(t))\,dt \right\}'$$

$$= b' + \left\{ \int_a^x f(t, y(t))\,dt \right\}'$$

ここで, 第 2 項の { } の中身は $f(x, y(x))$ の原始関数の 1 つ(「微分積分学の基本定理」より)なので

$$= 0 + f(x, y(x)) = f(x, y(x))$$

$$\therefore \quad y' = f(x, y(x))$$

また $(**)$ において $x = a$ とおくと

$$y(a) = b + \int_a^a f(t, y(t))\,dt = b + 0 = b$$

$$\therefore \quad y(a) = b$$

ゆえに $(**)$ をみたす解 $y = y(x)$ は $(*)$ の 2 式をみたすことが示せた。

以上より, 微分方程式 $(*)$ と積分方程式 $(**)$ の解は同じであることが示せた。

(証明終)

定理 5.6 をもとにし,

初期値問題：　$y' = f(x, y),\ \ y(a) = b \quad \cdots(*)$

の近似解を

積分方程式：　$y = b + \int_a^x f(t, y(t))\, dt \quad \cdots(**)$

を利用して求める方法が,**ピカールの反復法**とよばれている方法である。

はじめに,$x = a$ において $y = b$ なので,$x = a$ の付近で定値関数

$$y = b$$

は$(*)$の未知関数 $y = y(x)$ の1つの近似解である。

この近似解を$(**)$の右辺に代入して

$$y_1(x) = b + \int_a^x f(t, b)\, dt$$

とすると,関数 $y = y_1(x)$ も$(*)$の1つの近似解である。

さらにこの関数を$(**)$の右辺に代入して

$$y_2(x) = b + \int_a^x f(t, y_1(t))\, dt$$

とすると,関数 $y = y_2(x)$ も$(*)$の近似解となる。

これを何回も繰り返すと,$(*)$の近似解の関数列

$$y_1(x),\ \ y_2(x),\ \ \cdots,\ \ y_n(x),\ \ \cdots$$

が得られる。

$f(x, y)$ が定理 5.6 (p. 158)の条件をみたしていれば,上のように求めた関数列 $\{y_n(x)\}$ は,$(*)$のただ1つの解に収束することがわかっている。

右頁のアルゴリズムを参照しながら例題と演習問題で,近似解を求めてみよう。

[ピカールの反復法]

初期値問題 $y' = f(x, y),\ \ y(a) = b$ の近似解

0. $y = b$

↓ 値を代入

1. $y = y_1(x) = b + \int_a^x f(t, b)\, dt$

↓ x を t に変えて代入

2. $y = y_2(x) = b + \int_a^x f(t, y_1(t))\, dt$

↓ x を t に変えて代入

3. $y = y_3(x) = b + \int_a^x f(t, y_2(t))\, dt$

↓ x を t に変えて代入

⋮ ⋮ ⋮

***n*.** $y = y_n(x) = b + \int_a^x f(t, y_{n-1}(t))\, dt$

ピカールの反復法は初期値問題（＊）の解の存在を示すのにも使われるのよ。でも具体的な関数については，積分が簡単に求まらないと，ちょっとむずかしいわね。

例題 56

ピカールの反復法を用いて，次の初期値問題の近似解 $y=y_3(x)$ を求めてみよう。

$$y'=x-y, \qquad y(0)=1$$

解　$a=0$, $b=1$ である。また

$$f(x, y)=x-y \quad より \quad f(t, y(t))=t-y(t)$$

これらより，前頁のアルゴリズムを使って，順次計算していけばよい。

$$y_i(x)=b+\int_a^x f(t, y_{i-1}(t))\,dt$$

x を t にかえる

0.　$y=b=1$

1.
$$\begin{aligned} y=y_1(x)&=b+\int_0^x f(t, b)\,dt \\ &=1+\int_0^x (t-1)\,dt \\ &=1+\left[\frac{1}{2}t^2-t\right]_0^x \\ &=1+\left\{\left(\frac{1}{2}x^2-x\right)-0\right\} \\ &=1-x+\frac{1}{2}x^2 \end{aligned}$$

2.
$$\begin{aligned} y=y_2(x)&=1+\int_0^x f(t, y_1(t))\,dt \\ &=1+\int_0^x \left\{t-\left(1-t+\frac{1}{2}t^2\right)\right\}dt \\ &=1+\int_0^x \left(-1+2t-\frac{1}{2}t^2\right)dt=1+\left[-t+t^2-\frac{1}{6}t^3\right]_0^x \\ &=1+\left\{\left(-x+x^2-\frac{1}{6}x^3\right)-0\right\}=1-x+x^2-\frac{1}{6}x^3 \end{aligned}$$

3.
$$\begin{aligned} y=y_3(x)&=1+\int_0^x \left\{t-\left(1-t+t^2-\frac{1}{6}t^3\right)\right\}dt \\ &=1+\int_0^x \left(-1+2t-t^2+\frac{1}{6}t^3\right)dt \\ &=1+\left[-t+t^2-\frac{1}{3}t^3+\frac{1}{24}t^4\right]_0^x \end{aligned}$$

$$= 1 + \left\{ \left(-x + x^2 - \frac{1}{3}x^3 + \frac{1}{24}x^4 \right) - 0 \right\}$$

$$= 1 - x + x^2 - \frac{1}{3}x^3 + \frac{1}{24}x^4$$

ゆえに，求める近似解は

$$y = 1 - x + x^2 - \frac{1}{3}x^3 + \frac{1}{24}x^4$$

（解終）

《説明》 微分方程式は $y' + y = x$，$y(0) = 1$ なので，1階線形微分方程式である。厳密解は第2章§3 (p. 40) で勉強した方法で求めると $y = 2e^{-x} + x - 1$ となる。下のグラフで，厳密解と y_1, y_2, y_3 を比較してみよう。（説明終）

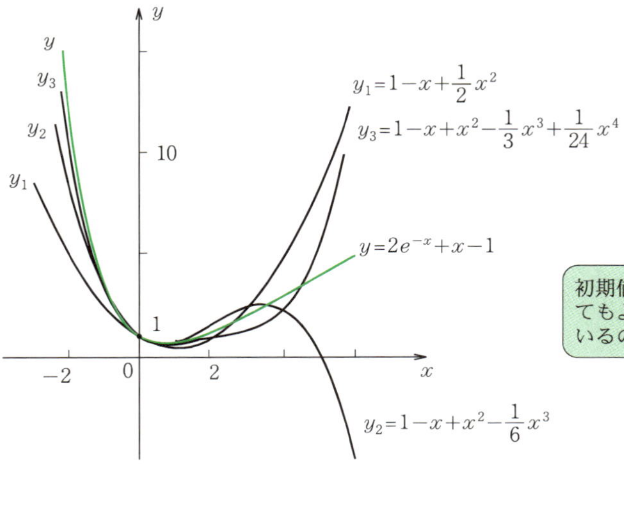

初期値付近ではとってもよく近似されているのね。

練習問題 56 解答は p. 213

ピカールの反復法を用いて，次の初期値問題の近似解 $y = y_3(x)$ を求めなさい。

（1） $y' = y$，$y(0) = 1$　　　（2） $y' = 2x - y$，$y(1) = 1$

総合練習5

1. 次の初期値問題をベキ級数を用いて解きなさい。

（1） $y' = y^2$, $y(0) = 1$, x^3 まで

（2） $(x^2+1)y' = 2xy^2$, $y(0) = 1$, x^4 まで

（3） $xy' = x + y - 1$, $y(1) = 0$, $(x-1)^4$ まで

（4） $y'' + 4y = 0$, $y(0) = 1$, $y'(0) = -2$, x^3 まで

（5） $y'' - y' = \dfrac{1}{x}$, $y(1) = 0$, $y'(1) = 1$, $(x-1)^3$ まで

2. ピカールの反復法を用いて，次の微分方程式の近似解 $y = y_3(x)$ を求めなさい。

（1） $y' = y^2 - 1$, $y(0) = 0$

（2） $y' = x + \dfrac{y}{x}$, $y(1) = 0$

（3） $y' = ye^x$, $y(0) = 1$

解答の章

練習問題 1 (p. 7)

（1） $y=x^2+x^{-2}$ とかけるので

$$y'=(x^2+x^{-2})'=2x-2x^{-3}$$
$$=2x-\frac{2}{x^3}$$
$$y''=(2x-2x^{-3})'=2+6x^{-4}$$
$$=2+\frac{6}{x^4}$$

（2） 微分方程式の左辺に代入して

$$左辺=x^2\left(2+\frac{6}{x^4}\right)+x\left(2x-\frac{2}{x^3}\right)$$
$$-4\left(x^2+\frac{1}{x^2}\right)$$
$$=2x^2+\frac{6}{x^2}+2x^2-\frac{2}{x^2}-4x^2-\frac{4}{x^2}$$
$$=0=右辺$$

ゆえに示せた。

練習問題 2 (p. 8)

（1） 順に微分すると

$$y'=(\sin 3x-\cos x)'=3\cos 3x+\sin x$$
$$y''=(3\cos 3x+\sin x)'$$
$$=-9\sin 3x+\cos x$$
$$y'''=(-9\sin 3x+\cos x)'$$
$$=-27\cos 3x-\sin x$$
$$y^{(4)}=(-27\cos 3x-\sin x)'$$
$$=81\sin 3x-\cos x$$

（2） 微分方程式の左辺に代入して

$$左辺=(81\sin 3x-\cos x)$$
$$+10(-9\sin 3x+\cos x)$$
$$+9(\sin 3x-\cos x)$$
$$=(81\sin 3x-90\sin 3x+9\sin 3x)$$
$$+(-\cos x+10\cos x-9\cos x)$$
$$=0=左辺$$

ゆえに示せた。

練習問題 3 (p. 9)

（1） $$\frac{dy}{dx}=\frac{d}{dx}(5e^x+2e^{-3x})$$
$$=(5e^x+2e^{-3x})'$$
$$=5e^x-6e^{-3x}$$
$$\frac{d^2y}{dx^2}=\frac{d}{dx}\left(\frac{dy}{dx}\right)=\frac{d}{dx}(5e^x-6e^{-3x})$$
$$=(5e^x-6e^{-3x})'=5e^x+18e^{-3x}$$

（2） 微分方程式の左辺へ代入すると

$$左辺=(5e^x+18e^{-3x})+2(5e^x-6e^{-3x})$$
$$-3(5e^x+2e^{-3x})$$
$$=(5e^x+10e^x-15e^x)$$
$$+(18e^{-3x}-12e^{-3x}-6e^{-3x})$$
$$=0=左辺$$

ゆえに示せた。

練習問題 4 (p. 10)

（1） $$\frac{dy}{dx}=\frac{d}{dx}(x-\log x)$$
$$=(x-\log x)'=1-\frac{1}{x}$$
$$\frac{d^2y}{dx^2}=\frac{d}{dx}\left(1-\frac{1}{x}\right)=\frac{d}{dx}(1-x^{-1})$$
$$=(1-x^{-1})'=0-(-1)x^{-2}$$
$$=x^{-2}=\frac{1}{x^2}$$

（2） 微分方程式の左辺へ代入すると

$$左辺=x^2\cdot\frac{1}{x^2}+x\left(1-\frac{1}{x}\right)$$
$$-(x-\log x)$$
$$=1+x-1-x+\log x$$
$$=\log x=右辺$$

ゆえに示せた。

練習問題 5 (p. 11)

（1）　y' を求めると

$$y' = (x\tan^{-1}x)'$$
$$= x'\tan^{-1}x + x(\tan^{-1}x)'$$
$$= 1\cdot\tan^{-1}x + x\cdot\frac{1}{1+x^2}$$
$$= \tan^{-1}x + \frac{x}{1+x^2}$$

微分方程式の左辺に代入すると

$$左辺 = x\left(\tan^{-1}x + \frac{x}{1+x^2}\right) - x\tan^{-1}x$$
$$= x\tan^{-1}x + \frac{x^2}{1+x^2} - x\tan^{-1}x$$
$$= \frac{x^2}{1+x^2}$$
$$= 右辺$$

ゆえに示せた。

（2）　y' を求めると

$$y' = (x\sin x)' = x'\sin x + x(\sin x)'$$
$$= 1\cdot\sin x + x\cos x = \sin x + x\cos x$$

微分方程式の左辺へ代入して

$$左辺 = (\sin x + x\cos x) - \frac{1}{x}(x\sin x)$$
$$= \sin x + x\cos x - \sin x = x\cos x$$
$$= 右辺$$

ゆえに示せた。

アークタンジェント
ワスレテタ

練習問題 6 (p. 12)

（1）　$u = -x^2$ とおくと $y = e^u$

合成関数の微分公式より

$$y' = \frac{dy}{dx} = \frac{dy}{du}\frac{du}{dx} = e^u\cdot(-2x)$$
$$= -2xe^{-x^2}$$
$$y'' = (-2xe^{-x^2})' = -2(xe^{-x^2})'$$
$$= -2\{x'e^{-x^2} + x(e^{-x^2})'\}$$

y' の結果を使って

$$= -2\{1\cdot e^{-x^2} + x\cdot(-2xe^{-x^2})\}$$
$$= -2e^{-x^2}(1-2x^2)$$

（2）　微分方程式の左辺へ代入すると

$$左辺 = -2e^{-x^2}(1-2x^2)$$
$$+ 2x(-2xe^{-x^2}) + 2e^{-x^2}$$
$$= \{-2(1-2x^2)$$
$$+ 2x(-2x) + 2\}e^{-x^2}$$
$$= (-2+4x^2-4x^2+2)e^{-x^2}$$
$$= 0 = 右辺$$

ゆえに示せた。

$$\{e^{f(x)}\}' = f'(x)e^{f(x)}$$

覚えておくと便利よ。

練習問題 7 (p. 13)

指数の形に直してから積分すると

$$y=\int(x^2+x^{-2})\,dx$$
$$=\frac{1}{3}x^3+\frac{1}{-2+1}x^{-2+1}+C$$
$$=\frac{1}{3}x^3-x^{-1}+C$$
$$=\frac{1}{3}x^3-\frac{1}{x}+C$$

ゆえに求める関数は

$$y=\frac{1}{3}x^3-\frac{1}{x}+C$$

練習問題 8 (p. 14)

（1） $y=\int(\sin 3x-\cos x)\,dx$

$$=-\frac{1}{3}\cos 3x-\sin x+C$$

ゆえに求める関数は

$$y=-\frac{1}{3}\cos 3x-\sin x+C$$

（2） $y=\int(5e^x+2e^{-3x})\,dx$

$$=5e^x-\frac{2}{3}e^{-3x}+C$$

ゆえに求める関数は

$$y=5e^x-\frac{2}{3}e^{-3x}+C$$

練習問題 9 (p. 15)

（1） $y=\int\left(x^{-2}+\frac{1}{x}\right)dx$

$$=\frac{1}{-2+1}x^{-2+1}+\log|x|+C$$
$$=-x^{-1}+\log|x|+C$$
$$=\log|x|-\frac{1}{x}+C$$

ゆえに求める関数は

$$y=\log|x|-\frac{1}{x}+C$$

（2） 部分積分を使って，y を求める。

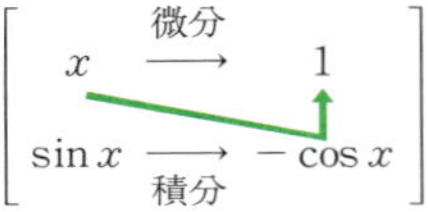
微分
x
1
sin x
− cos x
積分

$$y=\int x\sin x\,dx$$
$$=x(-\cos x)-\int 1\cdot(-\cos x)\,dx$$
$$=-x\cos x+\int\cos x\,dx$$
$$=-x\cos x+\sin x+C$$

ゆえに求める関数は

$$y=-x\cos x+\sin x+C$$

C, C₁, C₂, … などの任意定数は，ただし書きを省略しま〜す。

セキブンノ
フクシュウ

シッカリ
フクシュウ

練習問題 10 (p. 16)

（1） $y = \int \frac{1}{1+x}\,dx$

$= \log|1+x| + C$

ゆえに求める関数は

$$y = \log|1+x| + C$$

（2） $(\sin x)' = \cos x$ なので

$$y = \int \frac{\cos x}{\sin x}\,dx = \int \frac{(\sin x)'}{\sin x}\,dx$$

$= \log|\sin x| + C$

ゆえに求める関数は

$$y = \log|\sin x| + C$$

練習問題 11 (p. 17)

（1） 順に 2 回積分すると

$$y' = \int 2\,dx = 2x + C_1$$

$$y = \int (2x + C_1)\,dx = x^2 + C_1 x + C_2$$

ゆえに求める関数は

$$y = x^2 + C_1 x + C_2$$

（2） 順に積分して

$$y' = \int e^{3x}\,dx = \frac{1}{3}e^{3x} + C_1$$

$$y = \int \left(\frac{1}{3}e^{3x} + C_1\right) dx$$

$$= \frac{1}{9}e^{3x} + C_1 x + C_2$$

$$\therefore \quad y = \frac{1}{9}e^{3x} + C_1 x + C_2$$

総合練習 1 (p. 20)

1. （1） $u = 1 - x^2$ とおくと

$$y = \sqrt{u} = u^{\frac{1}{2}}$$

$$\frac{dy}{dx} = \frac{dy}{du}\frac{du}{dx} = \frac{1}{2}u^{-\frac{1}{2}}\cdot(-2x)$$

$$= -\frac{x}{\sqrt{1-x^2}}$$

これを左辺へ代入して示す。

（2） $y' = e^{2x}(2\sin 3x + 3\cos 3x)$

$y'' = e^{2x}(-5\sin 3x + 12\cos 3x)$

これらを左辺へ代入して示す。

（3） $y' = (x^{-1} + x^{-2})' = -x^{-2} - 2x^{-3}$

$y'' = 2x^{-3} + 6x^{-4}$

これらを左辺へ代入して示す。

（4） $\dfrac{dy}{dx} = 3x^2 \log x + x^2 + \dfrac{1}{4}$

$$\frac{d^2y}{dx^2} = 6x\log x + 5x$$

これらを左辺へ代入すれば示せる。

2. （1） $\dfrac{1}{x^2-1} = \dfrac{1}{2}\left(\dfrac{1}{x-1} - \dfrac{1}{x+1}\right)$

より

$$y = \frac{1}{2}\{\log|x-1| - \log|x+1|\} + C$$

$$= \frac{1}{2}\log\left|\frac{x-1}{x+1}\right| + C$$

$$\int \frac{1}{x+a}\,dx = \log|x+a| + C$$

（2） $u=x^2$ とおいて置換積分で求める。

$$y=\frac{1}{2}e^{x^2}+C$$

（3） $\tan x=\dfrac{\sin x}{\cos x}$ と右下の公式より

$$y=-\log|\cos x|+C$$

（4） $y'=\log x+C_1$

$$y=\int 1\cdot\log x\,dx+C_1x+C_2$$

部分積分を用いて計算する。

$$y=x\log x-x+C_1x+C_2$$

または定数をおき直して

$$y=x\log x+C_3x+C_2$$

（5） 部分積分を用いて計算。

$$y'=-xe^{-x}-e^{-x}+C_1$$

$$y=xe^{-x}+2e^{-x}+C_1x+C_2$$

（6） 部分積分を使って計算。

$$y'=x\sin x+\cos x+C_1$$

$$y=-x\cos x+2\sin x+C_1x+C_2$$

任意定数は適宜おきかえてあるので自分の結果と異なってもO. K. よ。

3. I と J にそれぞれ部分積分を用いて関係式を作る。

$$\begin{cases} I=-\dfrac{1}{b}e^{ax}\cos bx+\dfrac{a}{b}J \\ J=\dfrac{1}{b}e^{ax}\sin bx-\dfrac{a}{b}I \end{cases}$$

これらより，I と J を求めればよい。

（別解） I に 2 回部分積分を行うと

$$I=-\frac{1}{b}e^{ax}\cos bx+\frac{a}{b^2}e^{ax}\sin bx-\frac{a^2}{b^2}I$$

これより I を求める。

J についても同様。

（いずれの示し方でも，部分積分を行う際，どちらを $f(x)$，$g'(x)$ にしてもよい。）

部分積分

$$\int f(x)g'(x)\,dx=f(x)g(x)-\int f'(x)g(x)\,dx$$

$f(x)\xrightarrow{\text{微分}}f'(x)$

$g'(x)\xrightarrow[\text{積分}]{}g(x)$

$$\int\frac{f'(x)}{f(x)}\,dx=\log|f(x)|+C$$

練習問題 12 (p. 25)

（1）　y' を $\dfrac{dy}{dx}$ に書き換えて積分する。

$$\frac{dy}{dx}=\frac{1}{x}$$

$$\int\left(\frac{dy}{dx}\right)dx=\int\frac{1}{x}\,dx$$

$$\int 1\,dy=\int\frac{1}{x}\,dx$$

$$\therefore\quad y=\log|x|+C$$

（2）　y' を $\dfrac{dy}{dx}$ に書き換える。

$$\frac{dy}{dx}=2xy$$

変数を分離してから積分する。

$$\frac{1}{y}\frac{dy}{dx}=2x\quad (y\neq 0 \text{ のとき})$$

$$\int\left(\frac{1}{y}\frac{dy}{dx}\right)dx=\int 2x\,dx$$

$$\int\frac{1}{y}\,dy=\int 2x\,dx$$

$$\log|y|=x^2+C$$

指数の形に直すと

$$|y|=e^{x^2+C}=e^Ce^{x^2}$$

$$y=\pm e^Ce^{x^2}$$

ここで $A=\pm e^C$ とおき直すと

$y=Ae^{x^2}$　（A：0 以外の任意定数）

また，$y=0$ も微分方程式をみたすので解である。これは，上記の解において $A=0$ とおけば得られるので，一般解は

$$y=Ae^{x^2}$$

練習問題 13 (p. 29)

（1）　まず変数を分離する。両辺を $(1+x^2)$ で割ると

$$y\,dy=\frac{x}{1+x^2}\,dx$$

$$\therefore\quad \int y\,dy=\int\frac{x}{1+x^2}\,dx$$

$$\frac{1}{2}y^2=\frac{1}{2}\log(1+x^2)+C_1$$

$$y^2=\log(1+x^2)+2C_1$$

$2C_1=C$ とおきかえると

$$y^2=\log(1+x^2)+C$$

（2）　両辺を $(1+y^2)$ で割って，変数を分離してから積分する。

$$dx+\frac{1}{1+y^2}\,dy=0$$

$$\int 1\,dx+\int\frac{1}{1+y^2}\,dy=C$$

$$x+\tan^{-1}y=C$$

$$\tan^{-1}y=C-x$$

$$\therefore\quad y=\tan(C-x)$$

$$b=\tan^{-1}a\quad\Longleftrightarrow\quad a=\tan b$$
$$\left(-\frac{\pi}{2}<b<\frac{\pi}{2}\right)$$

シスー，タイスー
ウラオモテ
アークタンジェント
ヤッタ，ヤッタ

練習問題 14 (p. 31)

（1）　変数を分離してから積分する。

$y \neq 0$ として

$$\frac{1}{y}\frac{dy}{dx}=\frac{x}{x^2+1}$$

$$\int\left(\frac{1}{y}\frac{dy}{dx}\right)dx=\int\frac{x}{x^2+1}dx$$

$$\int\frac{1}{y}dy=\int\frac{x}{x^2+1}dx$$

$$\log|y|=\frac{1}{2}\log(x^2+1)+C_1$$

$$2\log|y|=\log(x^2+1)+2C_1$$

$$\log|y|^2=\log(x^2+1)+\log e^{2C_1}$$

$$\log y^2=\log e^{2C_1}(x^2+1)$$

$$y^2=e^{2C_1}(x^2+1)$$

ここで $e^{2C_1}=C$ とおくと

$$y^2=C(x^2+1)$$

（C：正の任意定数）

$y=0$ も方程式をみたすので解であるがこれは $C=0$ とすれば上の解に含まれる。ゆえに一般解は

$$y^2=C(x^2+1)$$

（C：0 以上の任意定数）

初期条件 $y(0)=1$ をみたすように C を定める。

$$y=\pm\sqrt{C(x^2+1)}$$

と変形し，$x=0$，$y=1$ を代入すると

$$1=\pm\sqrt{C(0+1)}$$

$+$の方のみ C が定まり，$C=1$。ゆえに求める特殊解は

$$y=\sqrt{x^2+1}$$

$$\int\frac{f'(x)}{f(x)}dx=\log|f(x)|+C$$

（2）　e^x で割って変数を分離する。

$$\frac{x}{e^x}dx-dy=0$$

$$xe^{-x}dx-dy=0$$

積分して

$$\int xe^{-x}dx-\int 1\,dy=C_1 \quad \cdots ①$$

第 1 項は部分積分で求める。

$$\int xe^{-x}dx=-xe^{-x}+\int e^{-x}dx$$

$$=-xe^{-x}-e^{-x}+C_2$$

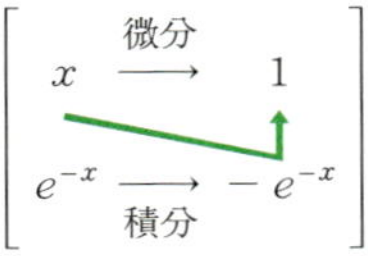

任意定数 C_2 は右辺の C_1 と一緒にして考えればよいので，①に代入すると

$$-xe^{-x}-e^{-x}-y=C$$

さらに $-C$ を $+C$ におきかえて

$$y=-xe^{-x}-e^{-x}+C$$

（C：任意定数）

これは一般解。

初期条件 $y(0)=1$ を代入して C を決める。$x=0$，$y=1$ を代入すると

$$1=-0-e^0+C$$

$$e^0=1 \quad より \quad C=2$$

ゆえに求める特殊解は

$$y=-xe^{-x}-e^{-x}+2$$

練習問題 15 (p. 35)

$\dfrac{y}{x}=u$ とおくと $y=xu$

$$\therefore\quad y'=(xu)'=x'u+xu'$$
$$=1\cdot u+xu'=u+xu'$$

（1） 方程式を書き直すと

$$\frac{dy}{dx}=\frac{1}{\dfrac{y}{x}}+\frac{y}{x}$$

なので $\dfrac{y}{x}=u$ とおくと

$$u+xu'=\frac{1}{u}+u$$
$$xu'=\frac{1}{u}$$

$u'=\dfrac{du}{dx}$ より $\qquad u\dfrac{du}{dx}=\dfrac{1}{x}$

両辺を x で積分すると

$$\int\left(u\frac{du}{dx}\right)dx=\int\frac{1}{x}dx$$
$$\int u\,du=\int\frac{1}{x}dx$$
$$\frac{1}{2}u^2=\log|x|+C$$
$$u^2=2(\log|x|+C)$$

$u=\dfrac{y}{x}$ だったので，もとにもどすと

$$\left(\frac{y}{x}\right)^2=2(\log|x|+C)$$
$$y^2=2x^2(\log|x|+C)$$

これが一般解。

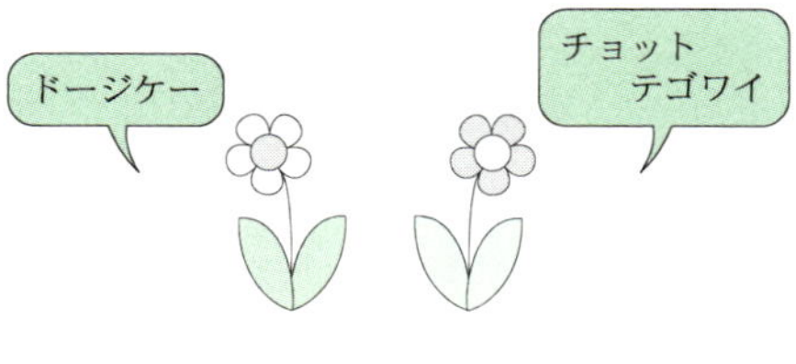

$$y=\pm\sqrt{2x^2(\log|x|+C)}$$

とかき直してから，初期条件 $y(1)=2$，つまり $x=1$，$y=2$ を代入して C を定める。

$$2=\pm\sqrt{2\cdot1^2(\log1+C)}$$

$\log1=0$ より，＋の方のみ C が定まり

$$C=2$$

ゆえに求める特殊解は

$$y=\sqrt{2x^2(\log|x|+2)}$$

（2） $\dfrac{y}{x}=u$ とおくと

$$u+xu'=u^2\ \longrightarrow\ xu'=u^2-u$$
$$\longrightarrow\ xu'=u(u-1)$$

$u=0$，$u=1$ はこの方程式の解である。このとき $y=0$，$y=x$ となる。

$u\fallingdotseq0$，$u\fallingdotseq1$ のとき，

$$\frac{1}{u(u-1)}\frac{du}{dx}=\frac{1}{x}$$

両辺を x で積分する。

$$\int\left\{\frac{1}{u(u-1)}\frac{du}{dx}\right\}dx=\int\frac{1}{x}dx$$
$$\int\frac{1}{u(u-1)}du=\int\frac{1}{x}dx$$

左辺を部分分数展開して

$$\int\left(-\frac{1}{u}+\frac{1}{u-1}\right)du=\int\frac{1}{x}dx$$

（ $\dfrac{1}{u(u-1)}=\dfrac{A}{u}+\dfrac{B}{u-1}$

とおいて両辺の分子を比較すると

$$1=A(u-1)+Bu$$

$u=1$ とおくと $\quad 1=B$

$u=0$ とおくと $\quad 1=-A$

$$\therefore\quad A=-1$$ ）

積分すると

$$-\log|u|+\log|u-1|=\log|x|+C_1$$

$$\log\left|\frac{u-1}{u}\right|=\log|x|+\log e^{C_1}$$

$$\log\left|\frac{u-1}{u}\right|=\log e^{C_1}|x|$$

$$\frac{u-1}{u}=e^{C_1}|x|$$

$$\frac{u-1}{u}=\pm e^{C_1}x$$

$\pm e^{C_1}=C_2$ とおくと

$$\frac{u-1}{u}=C_2x \quad\longrightarrow\quad u-1=C_2xu$$

$u=\dfrac{y}{x}$ なので，もとにもどすと

$$\frac{y}{x}-1=C_2x\cdot\frac{y}{x} \quad\longrightarrow\quad \frac{y}{x}-1=C_2y$$

$$\longrightarrow\quad y\left(\frac{1}{x}-C_2\right)=1$$

$$\longrightarrow\quad y\cdot\frac{1-C_2x}{x}=1$$

$$\longrightarrow\quad y=\frac{x}{1-C_2x}$$

ここで $-C_2=C$ とおくと

$$y=\frac{x}{1+Cx}$$

（C は 0 以外の任意定数）

一方，

$y=x$ という解は　$C=0$

$y=0$ という解は　$C\to\infty$

とすることにより，上の解に含めることができる。ゆえに一般解は

$$y=\frac{x}{1+Cx}$$

初期条件 $y(1)=\dfrac{1}{2}$，つまり $x=1$，$y=\dfrac{1}{2}$ を代入して C を定めると

$$\frac{1}{2}=\frac{1}{1+C\cdot 1} \quad より \quad C=1$$

ゆえに求める特殊解は

$$y=\frac{x}{1+x}$$

$$\log A+\log B=\log AB$$

$$\log A-\log B=\log\frac{A}{B}$$

練習問題 16 (p. 37)

（1）　$2x+y=u$ とおくと

$$y=u-2x$$

$$\therefore\quad y'=(u-2x)'$$

$$=u'-(2x)'$$

$$=u'-2$$

微分方程式に代入して

$$u'-2=-\frac{2u}{u-1}$$

$$u'=2-\frac{2u}{u-1}$$

$$=\frac{2(u-1)-2u}{u-1}$$

$$=\frac{-2}{u-1}$$

$$\therefore\quad \frac{du}{dx}=-\frac{2}{u-1}$$

$$(u-1)\frac{du}{dx}=-2$$

両辺を x で積分すると

$$\int\left\{(u-1)\frac{du}{dx}\right\}dx=-\int 2\,dx$$

$$\int(u-1)\,du=-\int 2\,dx$$

$$\frac{1}{2}u^2-u=-2x+C_1$$

$$u^2-2u=-4x+2C_1$$

式をきれいにするために両辺に 1 を加えて変形すると

$$u^2-2u+1=-4x+(2C_1+1)$$

$$(u-1)^2=-4x+C$$

（ただし，$C=2C_1+1$）

$$u-1=\pm\sqrt{C-4x}$$

$$u=1\pm\sqrt{C-4x}$$

$u=2x+y$ だったので，もとにもどすと

$$2x+y=1\pm\sqrt{C-4x}$$

$$\therefore\quad y=(1-2x)\pm\sqrt{C-4x}$$

これが一般解。

次に初期条件 $y(0)=3$ をみたす特殊解を求める。$x=0$，$y=3$ を代入すると

$$3=1-2\cdot 0\pm\sqrt{C-4\cdot 0}$$

$$3=1\pm\sqrt{C}$$

$$2=\pm\sqrt{C}$$

$+$ の方のみ条件をみたす C が存在し

$$C=4$$

ゆえに求める特殊解は

$$y=(1-2x)+\sqrt{4-4x}$$

$$y=(1-2x)+2\sqrt{1-x}$$

（2）　$x+y=u$ とおくと

$$y=u-x$$

$$y'=(u-x)'$$

$$=u'-x'$$

$$=u'-1$$

微分方程式に代入して

$$u'-1=u^2$$

$$\longrightarrow\quad u'=u^2+1$$

$u'=\dfrac{du}{dx}$ なので

$$\frac{1}{u^2+1}\frac{du}{dx}=1$$

両辺を x で積分して

$$\int\left(\frac{1}{u^2+1}\frac{du}{dx}\right)dx=\int 1\,dx$$

$$\int\frac{1}{u^2+1}\,du=\int 1\,dx$$

$$\tan^{-1}u=x+C$$

$$\therefore\quad u=\tan(x+C)$$

$u=x+y$ だったので，もとにもどすと次の一般解が求まる。

$$x+y=\tan(x+C)$$

$$\therefore\quad y=-x+\tan(x+C)$$

次に初期条件 $y(0)=0$ より C を求める。$x=0$，$y=0$ のとき

$$0=-0+\tan(0+C)$$

$$\longrightarrow\quad \tan C=0$$

$-\dfrac{\pi}{2}<C<\dfrac{\pi}{2}$ で求めると　$C=0$

ゆえに求める特殊解は

$$y=-x+\tan x$$

総合練習 2-1 (p. 38)

1. (1) 一般解は $y^2 = \frac{1}{2}x^4 + C$

特殊解は $y = \sqrt{\frac{1}{2}x^4 + 1}$

$(C = 1)$

(2) 一般解は $y = Ce^{\sin x}$

特殊解は $y = e^{\sin x}$ $(C = 1)$

(3) $y \neq 0, 1$ のとき

$$\frac{1}{y(y-1)} = \frac{1}{y-1} - \frac{1}{y}$$

を用いて微分方程式を積分すると

$$\log|y-1| - \log|y| = -x + C_1$$

これより変形して「$y =$」に直すと

$\left|\frac{y-1}{y}\right| = Ce^{-x}$ より

$$y = \frac{1}{1 - Ce^{-x}}$$

一方，$y = 0$，$y = 1$ も解である。これは $C \to \infty$，$C = 0$ とすることによりこの解に含まれる。したがって，これが一般解。

特殊解は $y = \frac{3}{3 - 2e^{-x}}$ $\left(C = \frac{2}{3}\right)$

一般解は
$y = \frac{e^x}{e^x - C}$
$y = \frac{e^x}{e^x + C}$
などでもO.K.よ。

(4) 一般解は $y = \sin^{-1} Cx$

特殊解は $y = \sin^{-1}\frac{x}{2}$

$\left(C = \frac{1}{2}\right)$

$$b = \sin a \iff a = \sin^{-1} b$$
$$\left(-\frac{\pi}{2} \leqq b \leqq \frac{\pi}{2}\right)$$

(5) 一般解は $y = \frac{C}{x} + 1$

特殊解は $y = -\frac{1}{x} + 1$

$(C = -1)$

(6) 一般解は $y = \frac{1}{3}(x-1)^3 + C$

特殊解は $y = \frac{1}{3}(x-1)^3 + \frac{4}{3}$

$\left(C = \frac{4}{3}\right)$

(7) 変数を分離すると

$$e^x\,dx + e^{-y}\,dy = 0$$

一般解は $y = -\log(e^x + C)$

特殊解は $y = -x$ $(C = 0)$

(8) $y \neq 1$ のとき変数を分離すると

$$\frac{1}{x+2}\,dx + \frac{1}{y-1}\,dy = 0$$

一般解は $y = \frac{C}{x+2} + 1$

特殊解は $y = -\frac{2}{x+2} + 1$

$(C = -2)$

(9)　一般解は　$y^2 = Ce^{2x} - 1$

特殊解は　$y = \sqrt{e^{2x} - 1}$

$(C = 1)$

(10)　一般解は　$y = \tan(x + C)$

特殊解は　$y = \tan x$　$(C = 0)$

$$\int \frac{x}{x^2+1}\,dx = \frac{1}{2}\log(x^2+1) + C$$
$$\int \frac{1}{x^2+1}\,dx = \tan^{-1} x + C$$

$$b = \tan^{-1} a \iff a = \tan b$$
$$\left(-\frac{\pi}{2} < b < \frac{\pi}{2}\right)$$

2. (1)　$y' = u' - 1$ より方程式は

$$\frac{1}{u^2+1}\frac{du}{dx} = 1$$

これより　$u = \tan(x + C)$

一般解は

$$y = \tan(x + C) - x + 1$$

(2)　$y' = 1 - u'$ より方程式は

$$\frac{1}{u-1}\frac{du}{dx} = -1$$

これより　$u = Ce^{-x} + 1$

一般解は

$$y = x - Ce^{-x} - 1$$

(3)　$y' = \dfrac{2 - \left(\dfrac{y}{x}\right)^2}{\left(\dfrac{y}{x}\right)}$　(同次形)

$\dfrac{y}{x} = u$ とおくと　$y' = u + xu'$

方程式に代入して計算すると

$$\frac{u}{u^2-1}\frac{du}{dx} = -\frac{2}{x}\quad (u^2 \fallingdotseq 1 \text{ のとき})$$

これより　$u^2 = 1 + \dfrac{C}{x^4}$

一般解は　$y^2 = x^2 + \dfrac{C}{x^2}$

(4)　方程式を変形すると

$$\left\{1 + \left(\frac{y}{x}\right)\right\}\frac{dy}{dx} = \left(\frac{y}{x}\right)^2\quad (\text{同次形})$$

$\dfrac{y}{x} = u$ とおくと　$y' = u + xu'$

代入して変形すると

$$\frac{u+1}{u}\frac{du}{dx} = -\frac{1}{x}\quad (u \fallingdotseq 0 \text{ のとき})$$

$$\left(1 + \frac{1}{u}\right)\frac{du}{dx} = -\frac{1}{x}$$

これより　$ue^u = \dfrac{C}{x}$

一般解は　$ye^{\frac{y}{x}} = C$

$$\int \frac{1}{1-u}\,du = -\log|1-u| + C$$

(5)　$y' = 2 - u'$ より方程式は

$$\frac{u+1}{u+2}\frac{du}{dx} = 1 \quad (u \neq -2 \text{ のとき})$$

$$\left(1 - \frac{1}{u+2}\right)\frac{du}{dx} = 1$$

これより　$e^u/(u+2) = Ce^x$

一般解は　$e^x = Ce^y(2x - y + 2)$

($u = -2$ のとき，$y = 2x + 2$ となる。これも解である。$C \to \infty$ として，一般解に含まれる。)

(6)　$y + xy' = u'$ より方程式は

$$e^{-u}\frac{du}{dx} = 1$$

となる。

これより　$u = -\log(C - x)$

一般解は　$y = -\frac{1}{x}\log(C - x)$

(7)　方程式を変形すると

$$y' = \left(\frac{y}{x}\right)^2 + \left(\frac{y}{x}\right) + 1 \quad (\text{同次形})$$

$\frac{y}{x} = u$ とおくと　$y' = u + xu'$

これを代入すると

$$\frac{1}{u^2+1}\frac{du}{dx} = \frac{1}{x}$$

となる。

これより　$u = \tan(\log C|x|)$

一般解は　$y = x\tan(\log C|x|)$

$$e^a = b \iff a = \log b$$

練習問題 17 (p. 45)

はじめに方程式を

$$y' + f(x)y = g(x)$$

の形に直しておき，$h(x)$，$g(x)$ が何か確認しよう。

(1)　$f(x) = \frac{1}{x}$，$g(x) = \sin x$ なので積分因子は $x > 0$ より

$$h(x) = e^{\int_p \frac{1}{x}dx} = e^{\log x} = x$$

となる。そこで方程式の両辺に x をかけると

$$x\left(y' + \frac{1}{x}y\right) = x\sin x$$

$$xy' + y = x\sin x$$

$$(xy)' = x\sin x$$

($\because$　$(xy)' = x'y + xy' = y + xy'$)

両辺を x で積分する。部分積分を用いて

$$xy = \int x\sin x\,dx$$

$$= -x\cos x + \int \cos x\,dx$$

$$= -x\cos x + \sin x + C$$

これより一般解は

$$y = \frac{1}{x}(-x\cos x + \sin x + C)$$

$$e^{\log A} = A$$

次に $y(\pi)=1$ をみたす特殊解を求める。
$x=\pi,\ y=1$ を一般解に代入すると

$$1=\frac{1}{\pi}(-\pi\cos\pi+\sin\pi+C)$$

$\sin\pi=0,\ \cos\pi=-1$ より

$$1=\frac{1}{\pi}\{-\pi\cdot(-1)+0+C\}$$

これより $C=0$。ゆえに特殊解は

$$y=\frac{1}{x}(-x\cos x+\sin x)$$

（2）　方程式を変形する。

$$xy'-y=x\log x$$

$$y'-\frac{1}{x}y=\log x \quad \cdots ①$$

これより　$f(x)=-\dfrac{1}{x}$

$$g(x)=\log x$$

なので積分因子は

$$h(x)=e^{\int_p\left(-\frac{1}{x}\right)dx}=e^{-\int_p\frac{1}{x}dx}$$

$$=e^{-\log x}=e^{\log x^{-1}}=x^{-1}=\frac{1}{x}$$

①の両辺に $\dfrac{1}{x}$ をかけると

$$\frac{1}{x}\left(y'-\frac{1}{x}y\right)=\frac{1}{x}\log x$$

$$\frac{1}{x}y'-\frac{1}{x^2}y=\frac{1}{x}\log x$$

$$\left(\frac{1}{x}y\right)'=\frac{1}{x}\log x$$

$$\left(\because\ \left(\frac{1}{x}y\right)'=\left(\frac{1}{x}\right)'y+\frac{1}{x}y'=(x^{-1})'y+\frac{1}{x}y' =-x^{-2}y+\frac{1}{x}y'=-\frac{1}{x^2}y+\frac{1}{x}y'\right)$$

$$\therefore\ \frac{1}{x}y=\int\frac{1}{x}\log x\,dx \quad \cdots ②$$

$\log x=u$ とおいて右辺の積分を求める。
両辺を x で微分すると

$$\frac{1}{x}=\frac{du}{dx} \qquad \therefore\ \frac{1}{x}dx=du$$

ゆえに②は

$$\frac{1}{x}y=\int\log x\cdot\frac{1}{x}dx=\int u\,du$$

$$=\frac{1}{2}u^2+C=\frac{1}{2}(\log x)^2+C$$

$$\frac{1}{x}y=\frac{1}{2}(\log x)^2+C$$

$$y=x\left\{\frac{1}{2}(\log x)^2+C\right\}$$

次に $y(1)=0$ をみたす特殊解を求める。
$x=1,\ y=0$ を一般解へ代入すると

$$0=1\cdot\left\{\frac{1}{2}(\log 1)^2+C\right\}$$

$$0=1\cdot\left\{\frac{1}{2}\cdot 0+C\right\} \longrightarrow \quad C=0$$

ゆえに求める特殊解は

$$y=\frac{1}{2}x(\log x)^2$$

一般解の任意定数 C
は，ちゃんと｛　｝
の中に入っている？

1階線形微分方程式

$y'+f(x)y=g(x)$

積分因子　$h(x)=e^{\int_p f(x)dx}$

練習問題 18 (p. 47)

（1） 方程式は　$y' - \dfrac{1}{x}y = x^2$

なので　$f(x) = -\dfrac{1}{x}$，$g(x) = x^2$

$h(x)$ を先に求めておく。

$$h(x) = e^{\int_p \left(-\frac{1}{x}\right)dx} = e^{-\int_p \frac{1}{x}dx}$$
$$= e^{-\log|x|} = e^{\log|x|^{-1}}$$
$$= |x|^{-1} = \frac{1}{|x|}$$

公式に代入して

$$y = \frac{1}{\frac{1}{|x|}}\left\{\int_p x^2 \cdot \frac{1}{|x|}dx + C_1\right\}$$
$$= |x|\left\{\int_p x^2 \cdot \frac{1}{|x|}dx + C_1\right\}$$
$$= \pm x\left\{\int_p x^2 \cdot \frac{1}{\pm x}dx + C_1\right\}$$

（複号同順）

$$= x\left\{\int_p x^2 \cdot \frac{1}{x}dx + C\right\} \quad (\pm C_1 = C)$$
$$= x\left\{\int_p x\,dx + C\right\}$$
$$= x\left(\frac{1}{2}x^2 + C\right)$$

ゆえに一般解は

$$y = x\left(\frac{1}{2}x^2 + C\right)$$

初期条件 $x = 1$, $y = 0$ を代入。

$$0 = 1\left(\frac{1}{2}\cdot 1 + C\right) \text{より} \quad C = -\frac{1}{2}$$

ゆえに求める特殊解は

$$y = \frac{1}{2}x(x^2 - 1)$$

（2） 方程式を変形して $f(x)$, $g(x)$ を求める。

$$y' + \frac{2}{x}y = \frac{1}{x}e^{3x}$$

よって，

$$f(x) = \frac{2}{x}, \quad g(x) = \frac{1}{x}e^{3x}$$

$h(x)$ を先に求めると

$$h(x) = e^{\int_p \frac{2}{x}dx} = e^{2\int_p \frac{1}{x}dx}$$
$$= e^{2\log|x|} = e^{\log|x|^2} = |x|^2 = x^2$$

公式に代入して

$$y = \frac{1}{x^2}\left\{\int_p \frac{1}{x}e^{3x}\cdot x^2\,dx + C\right\}$$
$$= \frac{1}{x^2}\left\{\int_p xe^{3x}\,dx + C\right\}$$

部分積分を使って

$$= \frac{1}{x^2}\left\{\frac{1}{3}xe^{3x} - \frac{1}{3}\int e^{3x}\,dx + C\right\}$$
$$= \frac{1}{x^2}\left(\frac{1}{3}xe^{3x} - \frac{1}{9}e^{3x} + C\right)$$

ゆえに一般解は

$$y = \frac{1}{x^2}\left(\frac{1}{3}xe^{3x} - \frac{1}{9}e^{3x} + C\right)$$

次に初期条件 $x = 1$, $y = 0$ を代入すると

$$0 = \frac{1}{1}\left(\frac{1}{3}\cdot 1\cdot e^{3\cdot 1} - \frac{1}{9}e^{3\cdot 1} + C\right)$$
$$0 = \frac{1}{3}e^3 - \frac{1}{9}e^3 + C$$
$$\longrightarrow \quad C = -\frac{2}{9}e^3$$

ゆえに求める特殊解は

$$y = \frac{1}{x^2}\left(\frac{1}{3}xe^{3x} - \frac{1}{9}e^{3x} - \frac{2}{9}e^3\right)$$

総合練習 2-2 (p. 50)

1. 積分因子を用いても，公式を用いてもよい。

(1) $f(x)=-1$, $g(x)=0$

$h(x)=e^{-x}$ より

一般解は $y=Ce^{x}$

特殊解は $y=e^{x}$ $(C=1)$

(2) $f(x)=-\dfrac{1}{x}$, $g(x)=x^2+x-1$

$$h(x)=\frac{1}{|x|}$$

$g(x)h(x)$

$$=(x^2+x-1)\frac{1}{x}=x+1-\frac{1}{x}$$

と変形して積分する。一般解は

$$y=x\left(\frac{1}{2}x^2+x-\log|x|+C\right)$$

特殊解は，$C=-\dfrac{3}{2}$ のときで

$$y=x\left(\frac{1}{2}x^2+x-\log|x|-\frac{3}{2}\right)$$

(3) $f(x)=x$, $g(x)=x$

$$h(x)=e^{\frac{1}{2}x^2}$$

$\dfrac{1}{2}x^2=u$ とおくと

$$\int_p xe^{\frac{1}{2}x^2}dx=\int_p e^u du=e^{\frac{1}{2}x^2}$$

一般解は $y=1+Ce^{-\frac{1}{2}x^2}$

特殊解は $y=1-e^{-\frac{1}{2}x^2}$ $(C=-1)$

(4) $f(x)=\dfrac{1}{x}$, $g(x)=e^{-2x}$

$$h(x)=|x|$$

部分積分を使って計算する。

一般解と特殊解は

$$y=\frac{1}{x}\left\{-\frac{1}{2}xe^{-2x}-\frac{1}{4}e^{-2x}+C\right\}$$

$$y=\frac{1}{x}\left\{-\frac{1}{2}xe^{-2x}-\frac{1}{4}e^{-2x}+\frac{3}{4}e^{-2}\right\}$$

(5) $f(x)=-\tan x$, $g(x)=x$

$\tan x=\dfrac{\sin x}{\cos x}$ より　$h(x)=|\cos x|$

部分積分を使って一般解を求めると

$$y=x\tan x+1+\frac{C}{\cos x}$$

特殊解は，$C=-1$ のときで

$$y=x\tan x+1-\frac{1}{\cos x}$$

(6) 変形して y' の係数を 1 にする。

$f(x)=\dfrac{2x}{1+x^2}$, $g(x)=\dfrac{1}{1+x^2}$

$$h(x)=1+x^2$$

一般解は $y=\dfrac{x+C}{1+x^2}$

特殊解は $y=\dfrac{x}{1+x^2}$ $(C=0)$

$$\int\frac{f'(x)}{f(x)}dx=\log|f(x)|+C$$

（7） y' の係数を 1 にする。

$$f(x)=\frac{1}{1+x^2},\quad g(x)=\frac{1}{1+x^2}$$

$$h(x)=e^{\tan^{-1}x}$$

$u=\tan^{-1}x$ とおくと

$$\int_p \frac{1}{1+x^2}e^{\tan^{-1}x}\,dx$$

$$=\int_p e^u\,du=e^{\tan^{-1}x}$$

これより一般解は

$$y=1+Ce^{-\tan^{-1}x}$$

特殊解は，$\tan^{-1}0=0$ より $C=-1$ で

$$y=1-e^{-\tan^{-1}x}$$

y′の係数を1にしておくことを忘れないでね。

$$(\tan^{-1}x)'=\frac{1}{1+x^2}$$

$$\int\frac{1}{1+x^2}\,dx=\tan^{-1}x+C$$

（8） $f(x)=-\dfrac{1}{x^2}$，$g(x)=-\dfrac{1}{x^2}$

$$h(x)=e^{\frac{1}{x}}$$

$u=\dfrac{1}{x}$ とおくと

$$-\int_p \frac{1}{x^2}e^{\frac{1}{x}}\,dx=\int_p e^u\,du=e^{\frac{1}{x}}$$

一般解は $y=1+Ce^{-\frac{1}{x}}$

特殊解は $y=1-e^{1-\frac{1}{x}}$ $(C=-e)$

2.（1） 合成関数の微分公式を使って $u=y^{-2}$ の両辺を x で微分すると

$$u'=-2y^{-3}y'$$

微分方程式の両辺に $-2y^{-3}$ をかけると $-2y^{-3}y'=u'$，$y^{-2}=u$ より

$$u'+2u=-4x$$

（2） 上の方程式は未知関数 u についての 1 階線形微分方程式。

$f(x)=2$，$g(x)=-4x$，$h(x)=e^{2x}$

より部分積分を用いて一般解を求めると

$$u=Ce^{-2x}-2x+1$$

（3） $u=y^{-2}$ より，もとにもどして

$$y^2=\frac{1}{Ce^{-2x}-2x+1}$$

練習問題 19 (p. 63)

（1）　● $y_1 = \sin x$ について

$$y_1' = \cos x, \quad y_1'' = -\sin x$$

なので②に代入すると

$$\text{左辺} = (-\sin x) + \sin x = 0 = \text{右辺}$$

ゆえに y_1 は②の解である。

● $y_2 = \cos x$ について

$$y_2' = -\sin x, \quad y_2'' = -\cos x$$

なので②に代入すると

$$\text{左辺} = (-\cos x) + \cos x = 0 = \text{右辺}$$

ゆえに y_2 も②の解である。

（2）　$W[y_1, y_2]$ を計算する。

$$\begin{aligned} W[y_1, y_2] &= \begin{vmatrix} \sin x & \cos x \\ (\sin x)' & (\cos x)' \end{vmatrix} \\ &= \begin{vmatrix} \sin x & \cos x \\ \cos x & -\sin x \end{vmatrix} \\ &= -\sin^2 x - \cos^2 x \\ &= -(\sin^2 x + \cos^2 x) \\ &= -1 \neq 0 \end{aligned}$$

ゆえに $W[y_1, y_2]$ は任意の区間 I でゼロ関数 $O(x)$ ではないので y_1 と y_2 は線形独立である。

（3）　$y = 3\sin x + 2\cos x$ が②をみたすことを示す。まず y', y'' を求めておくと

$$y' = 3\cos x - 2\sin x$$
$$y'' = -3\sin x - 2\cos x$$

これを②に代入して

$$\begin{aligned} \text{左辺} &= (-3\sin x - 2\cos x) \\ &\quad + (3\sin x + 2\cos x) \\ &= 0 = \text{右辺} \end{aligned}$$

ゆえに解であることが示せた。

練習問題 20 (p. 75)

（1）　特性方程式を求めて解くと

$$\lambda^2 - 6\lambda + 5 = 0 \longrightarrow (\lambda - 1)(\lambda - 5) = 0 \longrightarrow \lambda = 1,\ 5$$

これより基本解は

$$\{e^{1\cdot x}, e^{5x}\} = \{e^x, e^{5x}\}$$

なので一般解は

$$y = C_1 e^x + C_2 e^{5x}$$

（2）　特性方程式を解くと

$$\lambda^2 - 6\lambda + 9 = 0 \longrightarrow (\lambda - 3)^2 = 0 \longrightarrow \lambda = 3 \text{（重解）}$$

これより基本解は

$$\{e^{3x}, xe^{3x}\}$$

なので一般解は

$$y = C_1 e^{3x} + C_2 x e^{3x}$$

（3）　特性方程式を解くと

$$\lambda^2 + \lambda = 0 \longrightarrow \lambda(\lambda + 1) = 0 \longrightarrow \lambda = 0, -1$$

これより基本解は

$$\{e^{0\cdot x}, e^{-1\cdot x}\} = \{1, e^{-x}\}$$

なので一般解は

$$y = C_1 + C_2 e^{-x}$$

（4）　特性方程式を解くと

$$\lambda^2 - 2\lambda + 1 = 0 \longrightarrow (\lambda - 1)^2 = 0 \longrightarrow \lambda = 1 \text{（重解）}$$

ゆえに基本解は

$$\{e^{1\cdot x}, xe^{1\cdot x}\} = \{e^x, xe^x\}$$

なので一般解は

$$y = C_1 e^x + C_2 x e^x$$

練習問題 21 (p. 76)

（1）　特性方程式を解くと

$\lambda^2+2\lambda+5=0$ より

$$\lambda=\frac{-1\pm\sqrt{(-1)^2-1\cdot5}}{1}$$
$$=-1\pm\sqrt{-4}$$
$$=-1\pm2i$$

$p=-1,\ q=2$ の場合なので，基本解は

$$\{e^{-x}\cos2x,\ e^{-x}\sin2x\}$$

一般解は

$$y=C_1e^{-x}\cos2x+C_2e^{-x}\sin2x$$

（2）　特性方程式を解くと

$$\lambda^2+\lambda+1=0$$
$$\longrightarrow\quad\lambda=\frac{-1\pm\sqrt{1^2-4\cdot1\cdot1}}{2\cdot1}$$
$$=\frac{-1\pm\sqrt{-3}}{2}$$
$$=\frac{-1\pm\sqrt{3}\,i}{2}$$
$$=-\frac{1}{2}\pm\frac{\sqrt{3}}{2}i$$

$p=-\frac{1}{2},\ q=\frac{\sqrt{3}}{2}$ より，基本解は

$$\left\{e^{-\frac{1}{2}x}\cos\frac{\sqrt{3}}{2}x,\ e^{-\frac{1}{2}x}\sin\frac{\sqrt{3}}{2}x\right\}$$

一般解は

$$y=C_1e^{-\frac{1}{2}x}\cos\frac{\sqrt{3}}{2}x+C_2e^{-\frac{1}{2}x}\sin\frac{\sqrt{3}}{2}x$$

（3）　特性方程式を解くと

$$\lambda^2+9=0\quad\longrightarrow\quad\lambda^2=-9$$
$$\longrightarrow\quad\lambda=\pm\sqrt{-9}\quad\longrightarrow\quad\lambda=\pm3i$$

$p=0,\ q=3$ より，基本解は

$$\{e^{0\cdot x}\cos3x,\ e^{0\cdot x}\sin3x\}$$
$$=\{\cos3x,\ \sin3x\}$$

一般解は

$$y=C_1\cos3x+C_2\sin3x$$

特性方程式を作るとき
気をつけてね。

練習問題 22 (p. 77)

（1）　特性方程式を作って解くと

$$\lambda^2-3\lambda-10=0$$
$$\longrightarrow\quad(\lambda-5)(\lambda+2)=0$$
$$\longrightarrow\quad\lambda=5,\ -2$$

ゆえに基本解は　$\{e^{5x},\ e^{-2x}\}$。

一般解は

$$y=C_1e^{5x}+C_2e^{-2x}\quad\cdots①$$

y' を求めると

$$y'=5C_1e^{5x}-2C_2e^{-2x}\quad\cdots②$$

初期条件は，$x=0$ のとき $y=0,\ y'=7$ なので①に $x=0,\ y=0$ を代入して

$$0=C_1e^0+C_2e^0=C_1+C_2\quad\cdots①'$$

②に $x=0,\ y'=7$ を代入して

$$7=5C_1e^0-2C_2e^0=5C_1-2C_2\quad\cdots②'$$

①′, ②′ を連立させて C_1 と C_2 を求めると

$$\begin{cases} C_1+\ \ C_2=0 \\ 5C_1-2C_2=7 \end{cases} \longrightarrow \begin{cases} C_1=\ \ 1 \\ C_2=-1 \end{cases}$$

これを①に代入すると，

$$y=e^{5x}-e^{-2x}$$

（2）特性方程式を作って解くと

$$\lambda^2-4\lambda+4=0 \longrightarrow (\lambda-2)^2=0$$
$$\longrightarrow \lambda=2 \quad （重解）$$

これより

基本解　$\{e^{2x}, xe^{2x}\}$

一般解　$y=C_1e^{2x}+C_2xe^{2x}$

$$=(C_1+C_2x)e^{2x} \quad \cdots ①$$

となる。

①を微分して y' を求めると

$$y'=\{(C_1+C_2x)e^{2x}\}'$$
$$=(C_1+C_2x)'e^{2x}+(C_1+C_2x)(e^{2x})'$$
$$=C_2e^{2x}+(C_1+C_2x)\cdot 2e^{2x} \quad \cdots ②$$

初期条件は，$x=0$ のとき $y=1$, $y'=0$ なので

①に $x=0$, $y=1$ を代入して

$$1=(C_1+0)e^0=C_1 \quad \cdots ①'$$

②に $x=0$, $y'=0$ を代入して

$$0=C_2e^0+(C_1+0)\cdot 2e^0$$
$$0=C_2+2C_1 \quad \cdots ②'$$

①′, ②′ を連立させて C_1, C_2 を求めると

$$\begin{cases} C_1=1 \\ C_2+2C_1=0 \end{cases} \longrightarrow \begin{cases} C_1=1 \\ C_2=-2 \end{cases}$$

①に代入すると特殊解が求まる。

$$y=(1-2x)e^{2x}$$

（3）特性方程式を作って解くと

$\lambda^2+4\lambda+5=0$ より

$$\lambda=\frac{-2\pm\sqrt{2^2-1\cdot 5}}{1}$$
$$=-2\pm\sqrt{-1}=-2\pm i$$

$p=-2$, $q=1$ なので

基本解　$\{e^{-2x}\cos x, e^{-2x}\sin x\}$

一般解　$y=C_1e^{-2x}\cos x+C_2e^{-2x}\sin x$

$$=e^{-2x}(C_1\cos x+C_2\sin x) \quad \cdots ①$$

となる。y' を求めると

$$y'=\{e^{-2x}(C_1\cos x+C_2\sin x)\}'$$
$$=(e^{-2x})'(C_1\cos x+C_2\sin x)$$
$$+e^{-2x}(C_1\cos x+C_2\sin x)'$$
$$=-2e^{-2x}(C_1\cos x+C_2\sin x)$$
$$+e^{-2x}(-C_1\sin x+C_2\cos x)$$
$$=e^{-2x}\{(C_2-2C_1)\cos x$$
$$-(C_1+2C_2)\sin x\} \quad \cdots ②$$

初期条件は，$x=0$ のとき $y=1$, $y'=0$ なので

①に $x=0$, $y=1$ を代入すると

$$1=e^0(C_1\cos 0+C_2\sin 0)$$
$$=1\cdot(C_1\cdot 1+C_2\cdot 0)=C_1 \quad \cdots ①'$$

②に $x=0$, $y'=0$ を代入すると

$$0=e^0\{(C_2-2C_1)\cos 0$$
$$-(C_1+2C_2)\sin 0\}$$
$$0=C_2-2C_1 \quad \cdots ②'$$

①′, ②′ を連立させて C_1, C_2 を求めると

$$\begin{cases} C_1=1 \\ C_2-2C_1=0 \end{cases} \longrightarrow \begin{cases} C_1=1 \\ C_2=2 \end{cases}$$

①へ代入すると求める特殊解となる。

$$y=e^{-2x}(\cos x+2\sin x)$$

練習問題 23 (p. 81)

(1) まず同次方程式

$$y'' - 7y' - 8y = 0 \quad \cdots ①'$$

を解く。特性方程式を作って解くと

$$\lambda^2 - 7\lambda - 8 = 0 \longrightarrow (\lambda - 8)(\lambda + 1) = 0 \longrightarrow \lambda = 8, -1$$

基本解は $\{e^{8x}, e^{-x}\}$

①′ の一般解は

$$y = C_1 e^{8x} + C_2 e^{-x}$$

次に問題の非同次方程式

$$y'' - 7y' - 8y = 8x^2 - 2x \quad \cdots ①$$

の特殊解 $v(x)$ を1つ求める。

$$v(x) = A_2 x^2 + A_1 x + A_0$$

(p. 79, I (i), $n = 2$)

とおいて①をみたすように A_0, A_1, A_2 を定める。

$$v'(x) = 2A_2 x + A_1$$
$$v''(x) = 2A_2$$

①の左辺へ代入すると

$$\begin{aligned} &v''(x) - 7v'(x) - 8v(x) \\ &= 2A_2 - 7(2A_2 x + A_1) - 8(A_2 x^2 + A_1 x + A_0) \\ &= -8A_2 x^2 + (-14A_2 - 8A_1)x + (2A_2 - 7A_1 - 8A_0) \end{aligned}$$

これが①の右辺に等しくなるためには

$$\begin{cases} -8A_2 = 8 \\ -14A_2 - 8A_1 = -2 \\ 2A_2 - 7A_1 - 8A_0 = 0 \end{cases} \longrightarrow \begin{cases} A_0 = -2 \\ A_1 = 2 \\ A_2 = -1 \end{cases}$$

これで特殊解の1つ

$$v(x) = -x^2 + 2x - 2$$

が求まった。ゆえに①の一般解は

$$y = C_1 e^{8x} + C_2 e^{-x} + (-x^2 + 2x - 2)$$

(2) 同次方程式

$$y'' + 3y' = 0 \quad \cdots ②'$$

を解く。特性方程式を作って解くと

$$\lambda^2 + 3\lambda = 0 \longrightarrow \lambda(\lambda + 3) = 0 \longrightarrow \lambda = 0, -3$$

ゆえに①′ の基本解は

$$\{e^{0\cdot x}, e^{-3x}\} = \{1, e^{-3x}\}$$

一般解は

$$y = C_1 + C_2 e^{-3x}$$

次に非同次方程式

$$y'' + 3y' = 6x \quad \cdots ②$$

の特殊解 $v(x)$ を求める。

$$v(x) = x(A_1 x + A_0)$$

(p. 79, I (ii), $n = 1$)

とおいて②をみたすように A_0, A_1 を定める。

$$v(x) = A_1 x^2 + A_0 x$$
$$v'(x) = 2A_1 x + A_0$$
$$v''(x) = 2A_1$$

②の左辺に代入

$$\begin{aligned} v''(x) + 3v'(x) &= 2A_1 + 3(2A_1 x + A_0) \\ &= 6A_1 x + (2A_1 + 3A_0) \end{aligned}$$

これが②の右辺 $6x$ に等しくなるためには

$$\begin{cases} 6A_1 = 6 \\ 2A_1 + 3A_0 = 0 \end{cases} \longrightarrow \begin{cases} A_0 = -\dfrac{2}{3} \\ A_1 = 1 \end{cases}$$

よって特殊解の1つは

$$v(x) = x\left(x - \frac{2}{3}\right)$$

ゆえに②の一般解は

$$y = C_1 + C_2 e^{-3x} + x\left(x - \frac{2}{3}\right)$$

練習問題 24 (p. 83)

（1） 同次方程式　$y'' + 9y = 0$　$\cdots$ ①′

を解く。特性方程式を作って解くと

$$\lambda^2 + 9 = 0 \longrightarrow \lambda^2 = -9$$
$$\longrightarrow \lambda = \pm 3i$$

これより基本解は（$p=0, q=3$）

$\{e^{0\cdot x}\cos 3x, e^{0\cdot x}\sin 3x\} = \{\cos 3x, \sin 3x\}$

一般解は　$y = C_1\cos 3x + C_2\sin 3x$

次に非同次方程式

$$y'' + 9y = 10xe^x \quad \cdots ①$$

の特殊解 $v(x)$ を1つ求める。

$$v(x) = (A_1x + A_0)e^x$$

（p. 79, II（i）, $n=1$）

とおいて①に代入し A_1, A_0 を決定する。

$$v'(x) = (A_1x + A_0)'e^x + (A_1x + A_0)(e^x)'$$
$$= A_1e^x + (A_1x + A_0)e^x$$
$$= \{A_1x + (A_1 + A_0)\}e^x$$
$$v''(x) = \{A_1x + (A_1 + A_0)\}'e^x + \{A_1x + (A_1 + A_0)\}(e^x)'$$
$$= A_1e^x + \{A_1x + (A_1 + A_0)\}e^x$$
$$= \{A_1x + (2A_1 + A_0)\}e^x$$

①の左辺へ代入して

$$v''(x) + 9v(x)$$
$$= \{A_1x + (2A_1 + A_0)\}e^x + 9(A_1x + A_0)e^x$$
$$= \{10A_1x + (2A_1 + 10A_0)\}e^x$$

これが $10xe^x$ と等しくなるには

$$\begin{cases} 10A_1 = 10 \\ 2A_1 + 10A_0 = 0 \end{cases} \longrightarrow A_0 = -\frac{1}{5},\ A_1 = 1$$

$$\therefore\quad v(x) = \left(x - \frac{1}{5}\right)e^x$$

ゆえに①の一般解は

$$y = C_1\cos 3x + C_2\sin 3x + \left(x - \frac{1}{5}\right)e^x$$

（2）　$y'' - 7y' + 10y = 0$　$\cdots$ ②′

を解く。特性方程式を作って解くと，

$$\lambda^2 - 7\lambda + 10 = 0 \longrightarrow (\lambda - 5)(\lambda - 2) = 0$$
$$\longrightarrow \lambda = 5,\ 2$$

ゆえに②′の一般解は

$$y = C_1e^{5x} + C_2e^{2x}$$

次に非同次方程式

$$y'' - 7y' + 10y = e^{2x} \quad \cdots ②$$

の特殊解 $v(x)$ を1つ求める。

$$v(x) = A_0xe^{2x}$$

（p. 79, II（ii）, $n=0$）

とおいて②をみたすように A_0 を求める。

$$v'(x) = A_0\{x'e^{2x} + x(e^{2x})'\}$$
$$= A_0(1 + 2x)e^{2x}$$
$$v''(x) = A_0\{(1 + 2x)'e^{2x} + (1 + 2x)(e^{2x})'\}$$
$$= A_0\{2e^{2x} + (1 + 2x)\cdot 2e^{2x}\}$$
$$= A_0(4 + 4x)e^{2x}$$

②の左辺へ代入して

$$v''(x) - 7v'(x) + 10v(x)$$
$$= A_0(4 + 4x)e^{2x} - 7A_0(1 + 2x)e^{2x} + 10A_0xe^{2x}$$
$$= -3A_0e^{2x}$$

これが e^{2x} に等しくなるためには

$$-3A_0 = 1 \longrightarrow A_0 = -\frac{1}{3}$$

$$\therefore\quad v(x) = -\frac{1}{3}xe^{2x}$$

ゆえに②の一般解は

$$y = C_1e^{5x} + C_2e^{2x} - \frac{1}{3}xe^{2x}$$

（3）　$y'' - 4y' + 4y = 0$　…③′

を解く。特性方程式を作って解くと

$$\lambda^2 - 4\lambda + 4 = 0 \longrightarrow (\lambda - 2)^2 = 0 \longrightarrow \lambda = 2 \quad (\text{重解})$$

これより基本解は　$\{e^{2x}, xe^{2x}\}$

一般解は　$y = C_1 e^{2x} + C_2 x e^{2x}$

次に　$y'' - 4y' + 4y = e^{2x}$　…③

の特殊解 $v(x)$ を1つ求める。

$$v(x) = A_0 x^2 e^{2x}$$

（p. 79, II (iii), $n = 0$）

とおいて③をみたすように A_0 を定める。

$$v'(x) = A_0\{(x^2)' e^{2x} + x^2 (e^{2x})'\} = A_0(2x + 2x^2)e^{2x} = 2A_0(x + x^2)e^{2x}$$

$$v''(x) = 2A_0\{(x + x^2)' e^{2x} + (x + x^2)(e^{2x})'\} = 2A_0\{(1 + 2x)e^{2x} + (x + x^2)\cdot 2e^{2x}\} = 2A_0(2x^2 + 4x + 1)e^{2x}$$

③の左辺へ代入

$$v''(x) - 4v'(x) + 4v(x) = 2A_0(2x^2 + 4x + 1)e^{2x} - 4\cdot 2A_0(x + x^2)e^{2x} + 4A_0 x^2 e^{2x} = 2A_0 e^{2x}$$

これが e^{2x} に等しくなるためには

$$2A_0 = 1 \longrightarrow A_0 = \frac{1}{2}$$

$$\therefore \quad v(x) = \frac{1}{2} x^2 e^{2x}$$

したがって③の一般解は

$$y = C_1 e^{2x} + C_2 x e^{2x} + \frac{1}{2} x^2 e^{2x}$$

練習問題 25 (p. 85)

両方の微分方程式とも，同次方程式は

$$y'' + 4y = 0$$

特性方程式を作って解くと

$$\lambda^2 + 4 = 0 \longrightarrow \lambda = \pm 2i$$

（$p = 0, q = 2$）

これより基本解は

$\{e^{0\cdot x}\cos 2x, e^{0\cdot x}\sin 2x\} = \{\cos 2x, \sin 2x\}$

一般解は

$$y = C_1 \cos 2x + C_2 \sin 2x$$

（1）　特殊解 $v(x)$ を1つ求める。

$$v(x) = A\cos x + B\sin x$$

（p. 79, III(i), $n = 0$）

とすると

$$v'(x) = -A\sin x + B\cos x$$

$$v''(x) = -A\cos x - B\sin x$$

これを方程式の左辺へ代入すると

$$\text{左辺} = (-A\cos x - B\sin x) + 4(A\cos x + B\sin x) = 3A\cos x + 3B\sin x$$

これが右辺の $\cos x$ に等しくなるためには

$$\begin{cases} 3A = 1 \\ 3B = 0 \end{cases} \longrightarrow \begin{cases} A = \dfrac{1}{3} \\ B = 0 \end{cases}$$

これより　$v(x) = \dfrac{1}{3}\cos x$

一般解は

$$y = C_1 \cos 2x + C_2 \sin 2x + \frac{1}{3}\cos x$$

$$(\sin ax)' = a\cos ax$$
$$(\cos ax)' = -a\sin ax$$

（2）　特殊解を

$$v(x) = x(A\cos 2x + B\sin 2x) \quad \text{(p. 79, III(ii), } n = 0 \text{ の場合)}$$

とおくと

$$\begin{aligned} v'(x) &= x'(A\cos 2x + B\sin 2x) + x(A\cos 2x + B\sin 2x)' \\ &= (A\cos 2x + B\sin 2x) + x(-2A\sin 2x + 2B\cos 2x) \end{aligned}$$

$$\begin{aligned} v''(x) &= (A\cos 2x + B\sin 2x)' + \{x(-2A\sin 2x + 2B\cos 2x)\}' \\ &= (-2A\sin 2x + 2B\cos 2x) \\ &\quad + \{x'(-2A\sin 2x + 2B\cos 2x) + x(-2A\sin 2x + 2B\cos 2x)'\} \\ &= 2(-2A\sin 2x + 2B\cos 2x) + x(-4A\cos 2x - 4B\sin 2x) \\ &= 4(-A\sin 2x + B\cos 2x) - 4x(A\cos 2x + B\sin 2x) \end{aligned}$$

これらを方程式の左辺へ代入すると

$$\begin{aligned} \text{左辺} &= \{4(-A\sin 2x + B\cos 2x) - 4x(A\cos 2x + B\sin 2x)\} \\ &\qquad + 4x(A\cos 2x + B\sin 2x) \\ &= -4A\sin 2x + 4B\cos 2x \end{aligned}$$

これが右辺の $\cos 2x$ に等しくなるためには

$$\begin{cases} -4A = 0 \\ 4B = 1 \end{cases} \longrightarrow \begin{cases} A = 0 \\ B = \dfrac{1}{4} \end{cases}$$

ゆえに

$$v(x) = \frac{1}{4} x\sin 2x$$

これより一般解は

$$y = C_1\cos 2x + C_2\sin 2x + \frac{1}{4} x\sin 2x$$

$$(f \cdot g)' = f' \cdot g + f \cdot g'$$

うわ～，
たいへんな計算。
急ぐと計算間違い
するわね。

アッテタ，
ウレシー

アッテタ？

練習問題 26 (p. 87)

同次方程式 $y''-2y'+2y=0$ は例題 26 と同じなので，この一般解は

$$y=C_1e^x\cos x+C_2e^x\sin x$$

（1）　特殊解を

$$v(x)=(xe^x)(A\cos x+B\sin x)\quad （p. 79，Ⅳ（ii），n=0 の場合）$$

とおくと

$$\begin{aligned}
v'(x)&=(xe^x)'(A\cos x+B\sin x)+(xe^x)(A\cos x+B\sin x)'\\
&=\{x'e^x+x(e^x)'\}(A\cos x+B\sin x)+(xe^x)(-A\sin x+B\cos x)\\
&=(e^x+xe^x)(A\cos x+B\sin x)+(xe^x)(-A\sin x+B\cos x)\\
&=e^x(A\cos x+B\sin x)+(xe^x)\{(A+B)\cos x+(B-A)\sin x\}\\
v''(x)&=\{(e^x)'(A\cos x+B\sin x)+e^x(A\cos x+B\sin x)'\}\\
&\qquad+(xe^x)'\{(A+B)\cos x+(B-A)\sin x\}\\
&\qquad+(xe^x)\{(A+B)\cos x+(B-A)\sin x\}'\\
&=e^x\{(A+B)\cos x+(B-A)\sin x\}\\
&\qquad+(e^x+xe^x)\{(A+B)\cos x+(B-A)\sin x\}\\
&\qquad+(xe^x)\{-(A+B)\sin x+(B-A)\cos x\}\\
&=2e^x\{(A+B)\cos x+(B-A)\sin x\}+2(xe^x)(B\cos x-A\sin x)
\end{aligned}$$

方程式の左辺に代入して計算すると

$$\begin{aligned}
\text{左辺}&=2e^x\{(A+B)\cos x+(B-A)\sin x\}+2(xe^x)(B\cos x-A\sin x)\\
&\qquad-2[e^x(A\cos x+B\sin x)+(xe^x)\{(A+B)\cos x+(B-A)\sin x\}]\\
&\qquad+2(xe^x)(A\cos x+B\sin x)\\
&=2e^x(B\cos x-A\sin x)
\end{aligned}$$

これが右辺の $e^x\sin x$ に等しくなるためには

$$\begin{cases}-2A=1\\ \;\;\,2B=0\end{cases}\longrightarrow\begin{cases}A=-\dfrac{1}{2}\\ B=\;\;\,0\end{cases}$$

ゆえに

$$v(x)=-\frac{1}{2}xe^x\cos x$$

（2）　一般解は

$$y=C_1e^x\cos x+C_2e^x\sin x-\frac{1}{2}xe^x\cos x$$

または

$$y=\left(C_1-\frac{1}{2}x\right)e^x\cos x+C_2e^x\sin x$$

練習問題 27 (p. 91)

（1） 練習問題23(2)と同じ方程式。p. 186の解答より，同次方程式の

基本解は $\{1, e^{-3x}\}$

一般解は $y = C_1 + C_2 e^{-3x}$

そこで，$y_1 = 1$，$y_2 = e^{-3x}$，$g(x) = 6x$ として，特殊解 $v(x)$ を公式により求める。

$$
\begin{aligned}
W[y_1, y_2] &= \begin{vmatrix} 1 & e^{-3x} \\ 1' & (e^{-3x})' \end{vmatrix} \\
&= \begin{vmatrix} 1 & e^{-3x} \\ 0 & -3e^{-3x} \end{vmatrix} \\
&= 1\cdot(-3e^{-3x}) - e^{-3x}\cdot 0 \\
&= -3e^{-3x}
\end{aligned}
$$

$$
\therefore \quad v(x) = -1\cdot\int_p \frac{e^{-3x}\cdot 6x}{-3e^{-3x}}\,dx + e^{-3x}\int_p \frac{1\cdot 6x}{-3e^{-3x}}\,dx
$$

$$
= 2\int_p x\,dx - 2e^{-3x}\int_p xe^{3x}\,dx
$$

第2項を部分積分を使って求める。

$$
\begin{aligned}
&= 2\cdot\frac{1}{2}x^2 - 2e^{-3x}\left(\frac{1}{3}xe^{3x} - \frac{1}{3}\int_p e^{3x}\,dx\right) \\
&= x^2 - 2e^{-3x}\left(\frac{1}{3}xe^{3x} - \frac{1}{9}e^{3x}\right) \\
&= x^2 - \frac{2}{3}x + \frac{2}{9}
\end{aligned}
$$

ゆえに一般解は

$$
y = C_1 + C_2 e^{-3x} + x^2 - \frac{2}{3}x + \frac{2}{9}
$$

または，$C_1 + \frac{2}{9}$ を改めて C_1 とおくと

$$
y = C_1 + C_2 e^{-3x} + x^2 - \frac{2}{3}x
$$

（2） 同次方程式 $y'' - 4y = 0$ を解く。特性方程式 $\lambda^2 - 4 = 0$ の解は $\lambda = \pm 2$。ゆえに基本解は $\{e^{2x}, e^{-2x}\}$

一般解は $y = C_1 e^{2x} + C_2 e^{-2x}$

次に非同次方程式の特殊解 $v(x)$ を公式を用いて求める。

$$
y_1 = e^{2x},\quad y_2 = e^{-2x},\quad g(x) = x
$$

とすると

$$
\begin{aligned}
W[y_1, y_2] &= \begin{vmatrix} e^{2x} & e^{-2x} \\ (e^{2x})' & (e^{-2x})' \end{vmatrix} \\
&= \begin{vmatrix} e^{2x} & e^{-2x} \\ 2e^{2x} & -2e^{-2x} \end{vmatrix} \\
&= e^{2x}\cdot(-2e^{-2x}) - e^{-2x}\cdot 2e^{2x} \\
&= -4
\end{aligned}
$$

$$
\therefore \quad v(x) = -e^{2x}\int_p \frac{e^{-2x}\cdot x}{-4}\,dx + e^{-2x}\int_p \frac{e^{2x}\cdot x}{-4}\,dx
$$

$$
= \frac{1}{4}e^{2x}\int_p xe^{-2x}\,dx - \frac{1}{4}e^{-2x}\int_p xe^{2x}\,dx
$$

部分積分を使って計算していくと

$$
\begin{aligned}
&= \frac{1}{4}e^{2x}\left\{-\frac{1}{2}xe^{-2x} + \frac{1}{2}\int_p e^{-2x}\,dx\right\} - \frac{1}{4}e^{-2x}\left\{\frac{1}{2}xe^{2x} - \frac{1}{2}\int_p e^{2x}\,dx\right\} \\
&= \frac{1}{4}e^{2x}\left\{-\frac{1}{2}xe^{-2x} - \frac{1}{4}e^{-2x}\right\} - \frac{1}{4}e^{-2x}\left\{\frac{1}{2}xe^{2x} - \frac{1}{4}e^{2x}\right\} \\
&= -\frac{1}{4}x
\end{aligned}
$$

ゆえに一般解は

$$
y = C_1 e^{2x} + C_2 e^{-2x} - \frac{1}{4}x
$$

練習問題 28 (p. 93)

p. 85 練習問題 25 と同じ微分方程式。p. 188 の解答より同次方程式の

$$\text{基本解は}\quad \{\cos 2x, \sin 2x\}, \quad \text{一般解は}\quad y = C_1 \cos 2x + C_2 \sin 2x$$

である。

$$y_1 = \cos 2x,\ \ y_2 = \sin 2x,\ \ g(x) = \cos 2x$$

とおいて，公式を用いて非同次方程式の特殊解を求める。

$$\begin{aligned} W[y_1, y_2] &= \begin{vmatrix} \cos 2x & \sin 2x \\ (\cos 2x)' & (\sin 2x)' \end{vmatrix} = \begin{vmatrix} \cos 2x & \sin 2x \\ -2\sin 2x & 2\cos 2x \end{vmatrix} \\ &= 2\cos^2 2x + 2\sin^2 2x \\ &= 2(\cos^2 2x + \sin^2 2x) = 2\cdot 1 = 2 \end{aligned}$$

$$\begin{aligned} \therefore\quad v(x) &= -\cos 2x \int_p \frac{\sin 2x \cos 2x}{2}\,dx + \sin 2x \int_p \frac{\cos 2x \cos 2x}{2}\,dx \\ &= -\frac{1}{2}\cos 2x \int_p \sin 2x \cos 2x\,dx + \frac{1}{2}\sin 2x \int_p \cos^2 2x\,dx \end{aligned}$$

倍角公式を用いて

$$\begin{aligned} &= -\frac{1}{2}\cos 2x \int_p \frac{1}{2}\sin 4x\,dx + \frac{1}{2}\sin 2x \int_p \frac{1}{2}(1 + \cos 4x)\,dx \\ &= -\frac{1}{4}\cos 2x \int_p \sin 4x\,dx + \frac{1}{4}\sin 2x \int (1 + \cos 4x)\,dx \\ &= -\frac{1}{4}\cos 2x \cdot\left(-\frac{1}{4}\cos 4x\right) + \frac{1}{4}\sin 2x\cdot\left(x + \frac{1}{4}\sin 4x\right) \\ &= \frac{1}{16}(\cos 2x \cos 4x + \sin 2x \sin 4x) + \frac{1}{4}x \sin 2x \end{aligned}$$

さらに加法定理を使うと

$$\begin{aligned} &= \frac{1}{16}\cos(2x - 4x) + \frac{1}{4}x\sin 2x = \frac{1}{16}\cos(-2x) + \frac{1}{4}x \sin 2x \\ &= \frac{1}{16}\cos 2x + \frac{1}{4}x \sin 2x \end{aligned}$$

p. 189 で求めた
未定係数法の
特殊解と比較してみて。

ゆえに一般解は

$$y = C_1 \cos 2x + C_2 \sin 2x + \frac{1}{16}\cos 2x + \frac{1}{4}x \sin 2x$$

または，$\left(C_1 + \frac{1}{16}\right)$ をあらためて C_1 として

$$y = C_1 \cos 2x + C_2 \sin 2x + \frac{1}{4}x \sin 2x$$

練習問題 29 (p. 95)

（1） 特性方程式を作って解く。

$\lambda^3+\lambda^2-4\lambda-4=0$

$\to\ \lambda^2(\lambda+1)-4(\lambda+1)=0$

$\to\ (\lambda^2-4)(\lambda+1)=0$

$\to\ (\lambda+2)(\lambda-2)(\lambda+1)=0$

$\to\ \lambda=-2,2,-1$

これより基本解は $\{e^{-2x}, e^{2x}, e^{-x}\}$

一般解は

$$y=C_1e^{-2x}+C_2e^{2x}+C_3e^{-x}$$

（2） 特性方程式を解く。

$\lambda^3+5\lambda^2+6\lambda=0\ \to\ \lambda(\lambda^2+5\lambda+6)=0$

$\to\ \lambda(\lambda+2)(\lambda+3)=0$

$\to\ \lambda=0,-2,-3$

これより基本解は $\{1, e^{-2x}, e^{-3x}\}$

一般解は $y=C_1+C_2e^{-2x}+C_3e^{-3x}$

練習問題 30 (p. 96)

（1） 特性方程式を作って解く。

$\lambda^3-4\lambda^2+4\lambda=0\ \to\ \lambda(\lambda^2-4\lambda+4)=0$

$\to\ \lambda(\lambda-2)^2=0$

$\to\ \lambda=0,2$ （重解）

これより基本解は $\{1, e^{2x}, xe^{2x}\}$

一般解は $y=C_1+C_2e^{2x}+C_3xe^{2x}$

$$\therefore\ y=C_1+(C_2+C_3x)e^{2x}$$

（2） 特性方程式を解くと

$\lambda^3-6\lambda^2+12\lambda-8=0$

$\to\ (\lambda-2)^3=0$

$\to\ \lambda=2$ （3 重解）

これより基本解は $\{e^{2x}, xe^{2x}, x^2e^{2x}\}$

一般解は

$$y=(C_1+C_2x+C_3x^2)e^{2x}$$

練習問題 31 (p. 97)

（1） 特性方程式は $\lambda^3+2\lambda^2+2\lambda=0$

これを解く。

$$\lambda(\lambda^2+2\lambda+2)=0$$

$$\to\ \begin{cases}\lambda=0\\ \lambda^2+2\lambda+2=0\ \to\ \lambda=-1\pm i\end{cases}$$

$(p=-1,\ q=1)$

ゆえに基本解は

$$\{1, e^{-x}\cos x, e^{-x}\sin x\}$$

一般解は

$$y=C_1+(C_2\cos x+C_3\sin x)e^{-x}$$

（2） 特性方程式 $\lambda^4+3\lambda^2+2=0$

これを解く。

$(\lambda^2+2)(\lambda^2+1)=0\ \to$

$$\begin{cases}\lambda^2+2=0\ \to\ \lambda=\pm\sqrt{2}\,i & (p=0,\ q=\sqrt{2})\\ \lambda^2+1=0\ \to\ \lambda=\pm i & (p=0,\ q=1)\end{cases}$$

ゆえに基本解は

$$\{\cos\sqrt{2}\,x, \sin\sqrt{2}\,x, \cos x, \sin x\}$$

一般解は

$$y=C_1\cos\sqrt{2}\,x+C_2\sin\sqrt{2}\,x+C_3\cos x+C_4\sin x$$

総合練習 3 (p. 100)

1. (1)　$\lambda^2-4\lambda+3=0$ より

$$\lambda=3,\ 1$$

基本解は　$\{e^{3x},\ e^x\}$

一般解は　$y=C_1e^{3x}+C_2e^x$

(2)　$\lambda^2-\lambda-2=0$ より

$$\lambda=2,\ -1$$

同次方程式の基本解は　$\{e^{2x},\ e^{-x}\}$

特殊解を

$$v(x)=A_2x^2+A_1x+A_0$$

(p. 79, I (i), $n=2$)

とおいて未定係数法で求めると

$$v(x)=-x^2+x$$

ゆえに一般解は

$$y=C_1e^{2x}+C_2e^{-x}-x^2+x$$

(3)　$\lambda^2-2\lambda+1=0$ より

$$\lambda=1\quad(重解)$$

同次方程式の基本解は　$\{e^x,\ xe^x\}$

特殊解を

$$v(x)=A\cos 2x+B\sin 2x$$

(p. 79, III (i), $n=0$)

とおいて未定係数法で求めると

$$v(x)=\frac{4}{25}\cos 2x-\frac{3}{25}\sin 2x$$

これより一般解は

$$y=(C_1+C_2x)e^x+\frac{1}{25}(4\cos 2x-3\sin 2x)$$

(4)　$\lambda^2+4\lambda+4=0$ より

$$\lambda=-2\quad(重解)$$

同次方程式の基本解は　$\{e^{-2x},\ xe^{-2x}\}$

特殊解を

$$v(x)=Ax^2e^{-2x}$$

(p. 79, II (iii), $n=0$)

とおいて未定係数法で求めると

$$v(x)=\frac{1}{2}x^2e^{-2x}$$

これより一般解は

$$y=\left(C_1+C_2x+\frac{1}{2}x^2\right)e^{-2x}$$

(5)　$\lambda^2-9=0$ より　$\lambda=\pm 3$

同次方程式の基本解は　$\{e^{3x},\ e^{-3x}\}$

特殊解を

$v(x)=Ae^x$　(p. 79, II (i), $n=0$)

とおいて未定係数法で求めると

$$v(x)=-\frac{1}{8}e^x$$

これより一般解は

$$y=C_1e^{3x}+C_2e^{-3x}-\frac{1}{8}e^x$$

特殊解はどちらで求めてもよいわよ。どっちの方が簡単かは両方ためしてみないとわからないわね。

（6） $\lambda^2+3\lambda=0$ より　$\lambda=0, -3$

同次方程式の基本解は　$\{1, e^{-3x}\}$

特殊解 $v(x)$ を公式を用いて求める。

$$y_1=1,\ \ y_2=e^{-3x},\ \ g(x)=x$$

$$W[y_1, y_2]=-3e^{-3x}$$

途中，部分積分を用いて計算すると

$$v(x)=\frac{1}{6}x^2-\frac{1}{9}x+\frac{1}{27}$$

これより一般解は

$$y=C_1+C_2e^{-3x}+\frac{1}{6}x^2-\frac{1}{9}x+\frac{1}{27}$$

または，$C_1+\frac{1}{27}$ を改めて C_1 とおき直して

$$y=C_1+C_2e^{-3x}+\frac{1}{6}x^2-\frac{1}{9}x$$

（7） $\lambda^2-2\lambda=0$ より　$\lambda=0, 2$

同次方程式の基本解は　$\{1, e^{2x}\}$

特殊解 $v(x)$ を公式を用いて求める。

$$y_1=1,\ \ y_2=e^{2x},\ \ g(x)=e^{2x}\sin x$$

$$W[y_1, y_2]=2e^{2x}$$

途中，p. 20 の積分公式を用いて計算すると

$$v(x)=-\frac{1}{5}e^{2x}(\sin x+2\cos x)$$

これより一般解は

$$y=C_1+C_2e^{2x}-\frac{1}{5}e^{2x}(\sin x+2\cos x)$$

（8） $\lambda^2+9=0$ より　$\lambda=\pm 3i$

同次方程式の基本解は

$$\{\cos 3x, \sin 3x\}$$

公式を用いて特殊解 $v(x)$ を求める。

$$y_1=\cos 3x,\ \ y_2=\sin 3x,$$
$$g(x)=x\cos 3x$$
$$W[y_1, y_2]=3$$

これらより

$$v(x)=-\frac{1}{3}\cos 3x\int_p x\sin 3x\cos 3x\,dx+\frac{1}{3}\sin 3x\int_p x\cos^2 3x\,dx$$

倍角公式を使って変形すると

$$=-\frac{1}{6}\cos 3x\int_p x\sin 6x\,dx+\frac{1}{6}\sin 3x\int_p (x+x\cos 6x)\,dx$$

部分積分を使って積分し，さらに加法定理を使うと

$$v(x)=\frac{1}{12}x^2\sin 3x+\frac{1}{36}x\cos 3x-\frac{1}{216}\sin 3x$$

ゆえに一般解は

$$y=C_1\cos 3x+C_2\sin 3x+\frac{1}{216}(18x^2\sin 3x+6x\cos 3x-\sin 3x)$$

または $C_2-\frac{1}{216}$ を改めて C_2 とおき直して

$$y=C_1\cos 3x+C_2\sin 3x+\frac{1}{36}(3x^2\sin 3x+x\cos 3x)$$

（9）　$\lambda^4-1=0$ より　$\lambda=\pm 1, \pm i$

基本解は　$\{e^x, e^{-x}, \cos x, \sin x\}$

一般解は

$$y=C_1e^x+C_2e^{-x}+C_3\cos x+C_4\sin x$$

(10)　$\lambda^4+\lambda^2=0$ より

$$\lambda=0\ （重解）,\ \pm i$$

基本解は　$\{1, x, \cos x, \sin x\}$

一般解は

$$y=C_1+C_2x+C_3\cos x+C_4\sin x$$

2.（1）　$y=\dfrac{1}{2}(e^{3x}-e^x)$

（2）　$y=e^{2x}-x^2+x$

3.　$x=e^t$ の両辺を x で微分し，合成関数の微分公式を使って計算すると

$$1=\frac{d}{dx}e^t$$

$$=\frac{d}{dt}e^t\cdot\frac{dt}{dx}$$

$$=e^t\frac{dt}{dx}=x\frac{dt}{dx}$$

$$\therefore\quad \frac{dt}{dx}=\frac{1}{x}\quad \cdots ①$$

（1）　合成関数の微分公式と①より

$$\frac{dy}{dx}=\frac{dy}{dt}\cdot\frac{dt}{dx}=\frac{dy}{dt}\frac{1}{x}$$

$$\therefore\quad \frac{dy}{dx}=\frac{dy}{dt}\frac{1}{x}\quad \cdots ②$$

これより　$x\dfrac{dy}{dx}=\dfrac{dy}{dt}$

（2）　②の両辺を x で微分する。

$$\frac{d^2y}{dx^2}=\frac{d}{dx}\left(\frac{dy}{dt}\frac{1}{x}\right)$$

積の微分公式を使って

$$=\left\{\frac{d}{dx}\left(\frac{dy}{dt}\right)\right\}\cdot\frac{1}{x}+\frac{dy}{dt}\cdot\left\{\frac{d}{dx}\left(\frac{1}{x}\right)\right\}$$

第1項は合成関数の微分公式を使って

$$=\left\{\frac{d}{dt}\left(\frac{dy}{dt}\right)\cdot\frac{dt}{dx}\right\}\cdot\frac{1}{x}+\frac{dy}{dt}\cdot\left(-\frac{1}{x^2}\right)$$

①を代入して

$$=\frac{d^2y}{dt^2}\frac{1}{x}\frac{1}{x}-\frac{dy}{dt}\frac{1}{x^2}$$

$$=\frac{1}{x^2}\left(\frac{d^2y}{dt^2}-\frac{dy}{dt}\right)$$

$$\therefore\quad x^2\frac{d^2y}{dx^2}=\frac{d^2y}{dt^2}-\frac{dy}{dt}$$

4.　$\dfrac{dy}{dt}=\dot{y}$，$\dfrac{d^2y}{dt^2}=\ddot{y}$ と書くと，**3** の変換公式は

$$(*)\quad \begin{cases} xy'=\dot{y} \\ x^2y''=\ddot{y}-\dot{y} \end{cases}\quad となる。$$

（1）　(＊)を微分方程式に代入すると

$$\ddot{y}-4\dot{y}-12y=0$$

この一般解は　$y=C_1e^{6t}+C_2e^{-2t}$

$x=e^t$ なので，もとにもどすと

$$y=C_1x^6+\frac{C_2}{x^2}$$

合成関数の微分公式

$$\frac{dy}{dx}=\frac{dy}{dt}\cdot\frac{dt}{dx}$$

積の微分公式

$$\frac{d}{dx}(f(x)g(x))$$

$$=\left\{\frac{d}{dx}f(x)\right\}\cdot g(x)+f(x)\cdot\left\{\frac{d}{dx}g(x)\right\}$$

（2）（＊）で変換すると

$$\ddot{y}+y=0$$

これを解くと

$$y=C_1\cos t+C_2\sin t$$

$x=e^t$ より $t=\log x$ なので

$$y=C_1\cos(\log x)+C_2\sin(\log x)$$

（3）（＊）で変換すると

$$\ddot{y}-2\dot{y}+y=t \quad \cdots ③$$

同次方程式の基本解は　$\{e^t, te^t\}$

特殊解を

$$v(t)=A_1t+A_0$$

（p. 79, I（i）, $n=1$）

とおいて未定係数法で求めると

$$v(t)=t+2$$

これより③の一般解は

$$y=(C_1+C_2t)e^t+(t+2)$$

$x=e^t$ より $t=\log x$ なので，もとにもどすと

$$y=(C_1+C_2\log x)x+(\log x+2)$$

または

$$y=C_1x+(C_2x+1)\log x+2$$

$b=e^a \iff a=\log b$

オイラー
オイラー

練習問題 32（p. 104）

（1）　与式 $=(x+x^{-1})'=1-x^{-2}$

$$=1-\frac{1}{x^2}$$

（2）　与式 $=(\cos 3x-2\sin x)'$

$$=-3\sin 3x-2\cos x$$

（3）　与式 $=(3\log x-e^{-x})'$

$$=3\cdot\frac{1}{x}-(-e^{-x})$$

$$=\frac{3}{x}+e^{-x}$$

練習問題 33（p. 106）

（1）　与式 $=(2x^4-x^2)'''$

$$=\{(2x^4-x^2)'\}''$$

$$=\{(8x^3-2x)'\}'$$

$$=(24x^2-2)'=48x$$

（2）　与式 $=(\cos 3x)'''-(\sin x)''$

$$=(-3\sin 3x)''-(\cos x)'$$

$$=(-9\cos 3x)'-(-\sin x)$$

$$=27\sin 3x+\sin x$$

（3）　与式 $=(e^{2x})''-(\log x)'+x$

$$=(2e^{2x})'-\frac{1}{x}+x$$

$$=4e^{2x}-\frac{1}{x}+x$$

D^0 は微分しないで
もとのままよ。

練習問題 34 (p. 108)

（1）　$(D^2+7D+10)[y]=0$

$(D+5)(D+2)[y]=0$

$(D+2)(D+5)[y]=0$

（2）　$(D^2-6D+5)[y]=e^{3x}$

$(D-1)(D-5)[y]=e^{3x}$

$(D-5)(D-1)[y]=e^{3x}$

（3）　$(D^2+1)[y]=\log x$

（4）　$(D^2+5D)[y]=\sin 2x$

$D(D+5)[y]=\sin 2x$

$(D+5)D[y]=\sin 2x$

練習問題 35 (p. 109)

（1）　$y''-3y'+2y=0$

（2）　$y''+2y=e^x\sin x$

（3）　先に微分多項式を展開してから書き直す。

$$(D^2-1)[y]=2x+1$$

$$y''-y=2x+1$$

（4）　先に微分多項式を展開しておく。

$$(D^2+4D+4)[y]=e^x\cos x$$

$$y''+4y'+4y=e^x\cos x$$

練習問題 36 (p. 112)

（1）　与式 $=\int_p (x^3-6x^2+4x-3)\,dx$

$$=\frac{1}{4}x^4-\frac{6}{3}x^3+\frac{4}{2}x^2-3x$$

$$=\frac{1}{4}x^4-2x^3+2x^2-3x$$

（2）　与式 $=\int_p (\cos 5x-\sin x)\,dx$

$$=\frac{1}{5}\sin 5x+\cos x$$

（3）　与式 $=\int_p \frac{1}{x}\,dx=\log|x|$

練習問題 37 (p. 113)

（1）　与式 $=\frac{1}{D}\left[\frac{1}{D}[x^2+1]\right]$

$$=\frac{1}{D}\left[\int_p (x^2+1)\,dx\right]$$

$$=\frac{1}{D}\left[\frac{1}{3}x^3+x\right]$$

$$=\int_p\left(\frac{1}{3}x^3+x\right)dx$$

$$=\frac{1}{12}x^4+\frac{1}{2}x^2$$

（2）　与式 $=\frac{1}{D}\left[\frac{1}{D}[\cos x-\sin 3x]\right]$

$$=\frac{1}{D}\left[\int_p (\cos x-\sin 3x)\,dx\right]$$

$$=\frac{1}{D}\left[\sin x+\frac{1}{3}\cos 3x\right]$$

$$=\int_p\left(\sin x+\frac{1}{3}\cos 3x\right)dx$$

$$=-\cos x+\frac{1}{9}\sin 3x$$

練習問題 38 (p. 116)

公式 4.2 の（i）において

$$f(x)=e^{\beta x}\quad(\alpha\neq\beta)$$

とおくと

$$\frac{1}{D-\alpha}[e^{\beta x}]=e^{\alpha x}\frac{1}{D}[e^{-\alpha x}e^{\beta x}]$$

$$=e^{\alpha x}\frac{1}{D}[e^{(\beta-\alpha)x}]$$

$$=e^{\alpha x}\int_p e^{(\beta-\alpha)x}\,dx$$

$$=e^{\alpha x}\cdot\frac{1}{\beta-\alpha}e^{(\beta-\alpha)x}$$

$$=\frac{1}{\beta-\alpha}e^{\alpha x+(\beta-\alpha)x}$$

$$=\frac{1}{\beta-\alpha}e^{\beta x}$$

$$\therefore\quad\frac{1}{D-\alpha}[e^{\beta x}]=\frac{1}{\beta-\alpha}e^{\beta x}$$

公式 4.2 の（ii）において

$$f(x)=\cos\beta x$$

とおくと

$$\frac{1}{D-\alpha}[e^{\alpha x}\cos\beta x]$$

$$=e^{\alpha x}\frac{1}{D}[\cos\beta x]$$

$$=e^{\alpha x}\int_p\cos\beta x\,dx$$

$$=e^{\alpha x}\cdot\frac{1}{\beta}\sin\beta x$$

$$=\frac{1}{\beta}e^{\alpha x}\sin\beta x$$

$$\therefore\quad\frac{1}{D-\alpha}[e^{\alpha x}\cos\beta x]=\frac{1}{\beta}e^{\alpha x}\sin\beta x$$

練習問題 39 (p. 117)

公式 4.2 の（i）において

$$f(x)=\cos\beta x$$

とおくと

$$\frac{1}{D-\alpha}[\cos\beta x]$$

$$=e^{\alpha x}\frac{1}{D}[e^{-\alpha x}\cos\beta x]$$

$$=e^{\alpha x}\int_p e^{-\alpha x}\cos\beta x\,dx$$

積分公式を用いて（$a=-\alpha$, $b=\beta$）

$$=e^{\alpha x}\cdot\frac{e^{-\alpha x}}{(-\alpha)^2+\beta^2}$$

$$\times(-\alpha\cos\beta x+\beta\sin\beta x)$$

$$=\frac{1}{\alpha^2+\beta^2}(\beta\sin\beta x-\alpha\cos\beta x)$$

これで示せた。

練習問題 40 (p. 118)

$$\frac{1}{(D-\alpha)^2}[e^{\beta x}]$$

$$=\frac{1}{D-\alpha}\left[\frac{1}{D-\alpha}[e^{\beta x}]\right]$$

$$\overset{\text{公式 4.3}}{\underset{\text{(i)}}{=}}\frac{1}{D-\alpha}\left[\frac{1}{\beta-\alpha}e^{\beta x}\right]$$

$$=\frac{1}{\beta-\alpha}\cdot\frac{1}{D-\alpha}[e^{\beta x}]$$

$$\overset{\text{公式 4.3}}{\underset{\text{(i)}}{=}}\frac{1}{\beta-\alpha}\cdot\frac{1}{\beta-\alpha}e^{\beta x}$$

$$=\frac{1}{(\beta-\alpha)^2}e^{\beta x}$$

これで示せた。

練習問題 41 (p. 119)

$$\frac{1}{(D-\alpha)^2}[e^{\alpha x}\cos\beta x] = \frac{1}{D-\alpha}\left[\frac{1}{D-\alpha}[e^{\alpha x}\cos\beta x]\right]$$

$$\underset{\text{(ii)}}{\overset{\text{公式 4.3}}{=}} \frac{1}{D-\alpha}\left[\frac{1}{\beta}e^{\alpha x}\sin\beta x\right] = \frac{1}{\beta}\frac{1}{D-\alpha}[e^{\alpha x}\sin\beta x]$$

$$\underset{\text{(ii)}}{\overset{\text{公式 4.3}}{=}} \frac{1}{\beta}\left\{-\frac{1}{\beta}e^{\alpha x}\cos\beta x\right\} = -\frac{1}{\beta^2}e^{\alpha x}\cos\beta x$$

$$\frac{1}{(D-\alpha)^2}[\cos\beta x] = \frac{1}{D-\alpha}\left[\frac{1}{D-\alpha}[\cos\beta x]\right]$$

$$\underset{\text{(iii)}}{\overset{\text{公式 4.3}}{=}} \frac{1}{D-\alpha}\left[\frac{1}{\alpha^2+\beta^2}(\beta\sin\beta x - \alpha\cos\beta x)\right]$$

$$= \frac{1}{\alpha^2+\beta^2}\left\{\frac{1}{D-\alpha}[\beta\sin\beta x] - \frac{1}{D-\alpha}[\alpha\cos\beta x]\right\}$$

$$\underset{\text{(iii)}}{\overset{\text{公式 4.3}}{=}} \frac{1}{\alpha^2+\beta^2}\left\{\frac{-\beta}{\alpha^2+\beta^2}(\alpha\sin\beta x + \beta\cos\beta x) - \frac{\alpha}{\alpha^2+\beta^2}(\beta\sin\beta x - \alpha\cos\beta x)\right\}$$

$$= \frac{1}{(\alpha^2+\beta^2)^2}\{(\alpha^2-\beta^2)\cos\beta x - 2\alpha\beta\sin\beta x\}$$

これで示せた。

練習問題 42 (p. 120)

$$(D^2+\beta^2)[x\sin\beta x] = D^2[x\sin\beta x] + \beta^2 x\sin\beta x$$

右辺，第 1 項を計算すると

$$\begin{aligned} D^2[x\sin\beta x] &= (x\sin\beta x)'' = \{(x\sin\beta x)'\}' = \{x'\sin\beta x + x(\sin\beta x)'\}' \\ &= (\sin\beta x + \beta x\cos\beta x)' = (\sin\beta x)' + \beta(x\cos\beta x)' \\ &= \beta\cos\beta x + \beta\{x'\cos\beta x + x(\cos\beta x)'\} \\ &= \beta\cos\beta x + \beta(\cos\beta x - \beta x\sin\beta x) \\ &= 2\beta\cos\beta x - \beta^2 x\sin\beta x \end{aligned}$$

$$\begin{aligned} \therefore\quad (D^2+\beta^2)[x\sin\beta x] &= (2\beta\cos\beta x - \beta^2 x\sin\beta x) + \beta^2 x\sin\beta x \\ &= 2\beta\cos\beta x \end{aligned}$$

$$\therefore\quad \frac{1}{D^2+\beta^2}[2\beta\cos\beta x] = x\sin\beta x,\quad 2\beta\frac{1}{D^2+\beta^2}[\cos\beta x] = x\sin\beta x$$

$\beta \neq 0$ なので

$$\frac{1}{D^2+\beta^2}[\cos\beta x] = \frac{1}{2\beta}x\sin\beta x$$

練習問題 43 (p. 121)

$$(D^2+k^2)[\cos\beta x]$$
$$= D^2[\cos\beta x] + k^2\cos\beta x$$
$$= (\cos\beta x)'' + k^2\cos\beta x$$
$$= \{(\cos\beta x)'\}' + k^2\cos\beta x$$
$$= (-\beta\sin\beta x)' + k^2\cos\beta x$$
$$= -\beta^2\cos\beta x + k^2\cos\beta x$$
$$= (k^2-\beta^2)\cos\beta x$$

$$\therefore \quad \frac{1}{D^2+k^2}[(k^2-\beta^2)\cos\beta x] = \cos\beta x$$

$$(k^2-\beta^2)\frac{1}{D^2+k^2}[\cos\beta x] = \cos\beta x$$

$k \neq \beta$ なので

$$\frac{1}{D^2+k^2}[\cos\beta x] = \frac{1}{k^2-\beta^2}\cos\beta x$$

練習問題 44 (p. 123)

(1), (2), (3) は p. 116, 公式 4.3 (i)(ii)(iii) のいずれも第 2 式を用いる。

(1) 与式 $= \dfrac{1}{3-2}e^{3x} = e^{3x}$

(2) 与式 $= \dfrac{1}{3}e^{2x}\sin 3x$

(3) 与式 $= \dfrac{1}{2^2+3^2}(3\sin 3x - 2\cos 3x)$

$$= \frac{1}{13}(3\sin 3x - 2\cos 3x)$$

(4), (5), (6) は p. 118, 公式 4.4 (i)(ii)(iii) のいずれも第 1 式を使う。

(4) 与式 $= \dfrac{1}{2}x^2e^{2x}$

(5) 与式 $= -\dfrac{1}{3^2}e^{2x}\sin 3x$

$$= -\frac{1}{9}e^{2x}\sin 3x$$

(6) 与式 $= \dfrac{1}{(2^2+3^2)^2}$

$$\times\{(2^2-3^2)\sin 3x + 2\cdot 2\cdot 3\cos 3x\}$$

$$= \frac{1}{169}(12\cos 3x - 5\sin 3x)$$

(7) p. 120, 公式 4.5 (ii) より

与式 $= \dfrac{1}{2\cdot 3}x\sin 3x$

$$= \frac{1}{6}x\sin 3x$$

(8) p. 121, 公式 4.6 (i) より

与式 $= \dfrac{1}{2^2-3^2}\cos 3x$

$$= -\frac{1}{5}\cos 3x$$

(9) 公式 4.7 よりすぐに

$$\frac{1}{D+\alpha}[1] = \frac{1}{D-(-\alpha)}[1]$$
$$= -\frac{1}{-\alpha} = \frac{1}{\alpha}$$

練習問題 45 (p. 125)

（1） 与式 $= \dfrac{1}{2-(-3)}\left(\dfrac{1}{D-2}-\dfrac{1}{D+3}\right)[e^{-3x}]$

$$= \frac{1}{5}\left(\frac{1}{D-2}[e^{-3x}]-\frac{1}{D+3}[e^{-3x}]\right)$$

公式 4.3（i）より

$$= \frac{1}{5}\left(\frac{1}{-3-2}e^{-3x}-xe^{-3x}\right) = -\frac{1}{25}(1+5x)e^{-3x}$$

（2） 逆演算子の分母の部分を因数分解して部分分数に分けると

$$\text{与式} = \frac{1}{(D-1)(D+2)}[\cos 2x] = \frac{1}{1-(-2)}\left(\frac{1}{D-1}-\frac{1}{D+2}\right)[\cos 2x]$$

$$= \frac{1}{3}\left\{\frac{1}{D-1}[\cos 2x]-\frac{1}{D-(-2)}[\cos 2x]\right\}$$

公式 4.3（iii）より

$$= \frac{1}{3}\left\{\frac{1}{1^2+2^2}(2\sin 2x-1\cdot\cos 2x)-\frac{1}{(-2)^2+2^2}(2\sin 2x+2\cos 2x)\right\}$$

$$= \frac{1}{20}(\sin 2x-3\cos 2x)$$

練習問題 46 (p. 129)

（1） 式よりすぐに

基本解 $\{e^{-x}, e^{3x}\}$

一般解 $y = C_1e^{-x}+C_2e^{3x}$

（2） 微分多項式を因数分解すると

$$(D+3)(D-1)[y] = 0$$

基本解 $\{e^{-3x}, e^{x}\}$

一般解 $y = C_1e^{-3x}+C_2e^{x}$

（3） 微分多項式を因数分解して

$$D(D+1)[y] = 0$$

基本解 $\{e^{0\cdot x}, e^{-x}\} = \{1, e^{-x}\}$

一般解 $y = C_1+C_2e^{-x}$

（4） 微分多項式を平方完成して

$$\{(D+3)^2-3^2+10\}[y] = 0$$

$$\{(D+3)^2+1^2\}[y] = 0$$

$(\alpha = -3,\ \beta = 1)$

基本解 $\{e^{-3x}\cos x, e^{-3x}\sin x\}$

一般解 $y = e^{-3x}(C_1\cos x+C_2\sin x)$

（5） 式よりすぐに

基本解 $\{e^{3x}, xe^{3x}\}$

一般解 $y = (C_1+C_2x)e^{3x}$

（6） $(D^2+(\sqrt{2})^2)[y] = 0$ $(\alpha = 0,\ \beta = \sqrt{2})$ より

基本解 $\{\cos\sqrt{2}\,x,\ \sin\sqrt{2}\,x\}$

一般解 $y = C_1\cos\sqrt{2}\,x+C_2\sin\sqrt{2}\,x$

練習問題 47 (p. 131)

（1） 微分多項式を因数分解して

$$(D+2)(D+3)[y]=e^{-3x}$$

これより同次方程式の基本解は

$$\{e^{-2x},\, e^{-3x}\}$$

次に特殊解を $v(x)$ とし

$$(D+2)(D+3)[v(x)]=e^{-3x}$$

より $v(x)$ を求める。

$$\begin{aligned} v(x) &= \frac{1}{(D+2)(D+3)}[e^{-3x}] \\ &= \frac{1}{(-2)-(-3)} \\ &\quad \times \left(\frac{1}{D+2}-\frac{1}{D+3}\right)[e^{-3x}] \\ &= \frac{1}{D+2}[e^{-3x}]-\frac{1}{D+3}[e^{-3x}] \end{aligned}$$

公式 4.3（i）より

$$\begin{aligned} &= \frac{1}{(-3)-(-2)}e^{-3x}-xe^{-3x} \\ &= -e^{-3x}-xe^{-3x} \\ &= -(x+1)e^{-3x} \end{aligned}$$

ゆえに一般解は

$$y=C_1e^{-2x}+C_2e^{-3x}-(x+1)e^{-3x}$$

または (C_2-1) を改めて C_2 とおくと

$$y=C_1e^{-2x}+C_2e^{-3x}-xe^{-3x}$$

演算子の公式は裏表紙の見返しにもあるから，活用してね。

（2） 微分多項式を因数分解して

$$(D-6)(D+1)[y]=\sin 2x$$

これより同次方程式の基本解は

$$\{e^{6x},\, e^{-x}\}$$

次に特殊解を $v(x)$ とし

$$(D-6)(D+1)[v(x)]=\sin 2x$$

とおいて $v(x)$ を求める。

$$\begin{aligned} v(x) &= \frac{1}{(D+1)(D-6)}[\sin 2x] \\ &= \frac{1}{(-1)-6} \\ &\quad \times \left(\frac{1}{D+1}-\frac{1}{D-6}\right)[\sin 2x] \\ &= -\frac{1}{7}\left\{\frac{1}{D+1}[\sin 2x]\right. \\ &\qquad \left. -\frac{1}{D-6}[\sin 2x]\right\} \end{aligned}$$

公式 4.3（iii）より

$$\begin{aligned} &= -\frac{1}{7}\left\{-\frac{1}{(-1)^2+2^2}(-1\cdot\sin 2x\right. \\ &\qquad +2\cos 2x) \\ &\qquad \left. +\frac{1}{6^2+2^2}(6\sin 2x+2\cos 2x)\right\} \\ &= \frac{1}{20}(\cos 2x-\sin 2x) \end{aligned}$$

ゆえに一般解は

$$\begin{aligned} y &= C_1e^{6x}+C_2e^{-x} \\ &\quad +\frac{1}{20}(\cos 2x-\sin 2x) \end{aligned}$$

公式 4.3(iii)

$$\frac{1}{D-\alpha}[\sin\beta x]=-\frac{1}{\alpha^2+\beta^2}(\alpha\sin\beta x+\beta\cos\beta x)$$

$$\frac{1}{D-\alpha}[\cos\beta x]=\frac{1}{\alpha^2+\beta^2}(\beta\sin\beta x-\alpha\cos\beta x)$$

練習問題 48 (p. 133)

(1)~(3) の微分多項式を因数分解すると

$$(D-3)^2[y]$$

ゆえに同次方程式の基本解は

$$\{e^{3x},\ xe^{3x}\}$$

以下，特殊解を $v(x)$ として求め，一般解を求める。

(1) $(D-3)^2[v(x)]=e^x$ より

$$v(x)=\frac{1}{(D-3)^2}[e^x]$$

$$\underset{(\mathrm{i})}{\overset{\text{公式 4.4}}{=}} \frac{1}{(1-3)^2}e^x=\frac{1}{4}e^x$$

ゆえに一般解は

$$y=(C_1+C_2x)e^{3x}+\frac{1}{4}e^x$$

(2) $(D-3)^2[v(x)]=e^{3x}$

$$v(x)=\frac{1}{(D-3)^2}[e^{3x}]$$

$$\underset{(\mathrm{i})}{\overset{\text{公式 4.4}}{=}} \frac{1}{2}x^2e^{3x}$$

ゆえに一般解は

$$y=\left(C_1+C_2x+\frac{1}{2}x^2\right)e^{3x}$$

(3) $(D-3)^2[v(x)]=e^{3x}\cos x$

$$v(x)=\frac{1}{(D-3)^2}[e^{3x}\cos x]$$

$$\underset{(\mathrm{ii})}{\overset{\text{公式 4.4}}{=}} -\frac{1}{1^2}e^{3x}\cos x$$

$$=-e^{3x}\cos x$$

ゆえに一般解は

$$y=(C_1+C_2x-\cos x)e^{3x}$$

練習問題 49 (p. 135)

(1)~(3) とも微分多項式は

$$D^2+9=D^2+3^2$$

となるので，同次方程式の基本解は

$$\{\cos 3x,\ \sin 3x\}$$

特殊解を $v(x)$ として以下求めていく。

(1) $(D^2+9)[v(x)]=\cos 3x$

$$v(x)=\frac{1}{D^2+3^2}[\cos 3x]$$

$$\underset{(\mathrm{ii})}{\overset{\text{公式 4.5}}{=}} \frac{1}{2\cdot 3}x\sin 3x$$

$$=\frac{1}{6}x\sin 3x$$

$$\therefore\ y=C_1\cos 3x+C_2\sin 3x+\frac{1}{6}x\sin 3x$$

(2) $(D^2+9)[v(x)]=\sin 2x$

$$v(x)=\frac{1}{D^2+3^2}[\sin 2x]$$

$$\underset{(\mathrm{i})}{\overset{\text{公式 4.6}}{=}} \frac{1}{3^2-2^2}\sin 2x$$

$$=\frac{1}{5}\sin 2x$$

$$\therefore\ y=C_1\cos 3x+C_2\sin 3x+\frac{1}{5}\sin 2x$$

(3) $(D^2+9)[v(x)]=\sin 3x$

$$v(x)=\frac{1}{D^2+3^2}[\sin 3x]$$

$$\underset{(\mathrm{i})}{\overset{\text{公式 4.5}}{=}} -\frac{1}{2\cdot 3}x\cos 3x$$

$$=-\frac{1}{6}x\cos 3x$$

$$\therefore\ y=C_1\cos 3x+C_2\sin 3x-\frac{1}{6}x\cos 3x$$

練習問題 50 (p. 139)

（1） 変形して，D を用いて表すと

$$\begin{cases}(\dot{x}-4x)+y=0\\ -2x+(\dot{y}-y)=0\end{cases}$$

$$\begin{cases}(D-4)[x]+[y]=0 & \cdots ①\\ -2[x]+(D-1)[y]=0 & \cdots ②\end{cases}$$

y を消去する方針で計算する。

$$\begin{array}{lr}(D-1)\times ① & (D-1)(D-4)[x]+(D-1)[y]=0\\ -)\quad ② & -2[x]+(D-1)[y]=0\\ \hline & \{(D-1)(D-4)+2\}[x]\qquad =0\end{array}$$

$$(D^2-5D+6)[x]=0$$

$$\longrightarrow\quad (D-2)(D-3)[x]=0$$

これより基本解は　$\{e^{2t}, e^{3t}\}$

一般解は　$x=C_1e^{2t}+C_2e^{3t}$

①に代入して y を求める。

$$\begin{aligned}[y]&=-(D-4)[x]\\ &=-D[x]+4[x]\\ &=-\dot{x}+4x\\ &=-(C_1e^{2t}+C_2e^{3t})'\\ &\qquad +4(C_1e^{2t}+C_2e^{3t})\\ &=-(2C_1e^{2t}+3C_2e^{3t})\\ &\qquad +4(C_1e^{2t}+C_2e^{3t})\\ &=2C_1e^{2t}+C_2e^{3t}\end{aligned}$$

$$\therefore\quad y=2C_1e^{2t}+C_2e^{3t}$$

$$\therefore\quad \begin{cases}x=C_1e^{2t}+C_2e^{3t}\\ y=2C_1e^{2t}+C_2e^{3t}\end{cases}$$ （右下のグラフ）

（2） 変形して D を用いて表すと

$$\begin{cases}(\dot{x}-2x)+6y=0\\ -2x+(\dot{y}+5y)=0\end{cases}$$

$$\begin{cases}(D-2)[x]+6[y]=0 & \cdots ①\\ -2[x]+(D+5)[y]=0 & \cdots ②\end{cases}$$

y を消去する方針で変形すると

$$\begin{array}{lr}(D+5)\times ① & (D+5)(D-2)[x]+6(D+5)[y]=0\\ -)\quad 6\times ② & -12[x]+6(D+5)[y]=0\\ \hline & \{(D+5)(D-2)+12\}[x]\qquad =0\end{array}$$

$$(D^2+3D+2)[x]=0$$

$$\longrightarrow\quad (D+1)(D+2)[x]=0$$

基本解は　$\{e^{-t}, e^{-2t}\}$

一般解は　$x=C_1e^{-t}+C_2e^{-2t}$

①に代入して y を求める。

$$\begin{aligned}6[y]&=-(D-2)[x]\\ &=-D[x]+2[x]\\ &=-\dot{x}+2x\\ &=-(C_1e^{-t}+C_2e^{-2t})'\\ &\qquad +2(C_1e^{-t}+C_2e^{-2t})\\ &=-(-C_1e^{-t}-2C_2e^{-2t})\\ &\qquad +2(C_1e^{-t}+C_2e^{-2t})\\ &=3C_1e^{-t}+4C_2e^{-2t}\end{aligned}$$

$$\therefore\quad y=\frac{1}{2}C_1e^{-t}+\frac{2}{3}C_2e^{-2t}$$

$$\therefore\quad \begin{cases}x=C_1e^{-t}+C_2e^{-2t}\\ y=\dfrac{1}{2}C_1e^{-t}+\dfrac{2}{3}C_2e^{-2t}\end{cases}$$

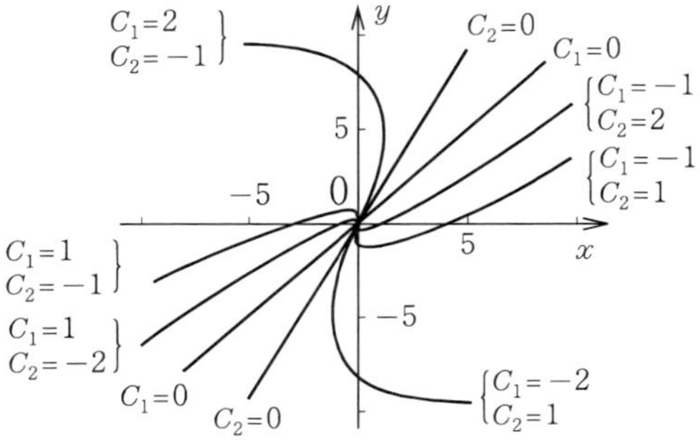

練習問題 51 (p. 141)

（1）　変形して D を使って書き直すと

$$\begin{cases}(\dot{x}-x)-y=0\\ x+(\dot{y}-3y)=0\end{cases}$$

$$\begin{cases}(D-1)[x]-\qquad [y]=0 & \cdots ①\\ \qquad [x]+(D-3)[y]=0 & \cdots ②\end{cases}$$

x を消去する方針で変形すると

$$\begin{array}{lll}(D-1)\times② & (D-1)[x]+(D-1)(D-3)[y]=0\\ -)\qquad ① & (D-1)[x]\qquad\qquad -[y]=0\\ \hline & \{(D-1)(D-3)+1\}[y]=0\end{array}$$

$$(D^2-4D+4)[y]=0$$

$$\longrightarrow\quad (D-2)^2[y]=0$$

これより基本解は　$\{e^{2t},\ te^{2t}\}$

一般解は　$y=(C_1+C_2t)e^{2t}$

②に代入して x を求める。

$$\begin{aligned}[x]=x&\\ &=-(D-3)[y]=-D[y]+3[y]\\ &=-\dot{y}+3y\\ &=-\{(C_1+C_2t)e^{2t}\}'\\ &\qquad +3(C_1+C_2t)e^{2t}\\ &=-\{(C_1+C_2t)'e^{2t}\\ &\qquad +(C_1+C_2t)(e^{2t})'\}\\ &\qquad +3(C_1+C_2t)e^{2t}\\ &=-\{C_2e^{2t}+2(C_1+C_2t)e^{2t}\}\\ &\qquad +3(C_1+C_2t)e^{2t}\\ &=\{(C_1-C_2)+C_2t\}e^{2t}\end{aligned}$$

ゆえに一般解は

$$\begin{cases}x=\{(C_1-C_2)+C_2t\}e^{2t}\\ y=(C_1+C_2t)e^{2t}\end{cases}$$

（2）　変形して D を用いて書き直すと

$$\begin{cases}(\dot{x}+x)-y=0\\ 5x+(\dot{y}-y)=0\end{cases}$$

$$\begin{cases}(D+1)[x]-\qquad [y]=0 & \cdots ①\\ \qquad 5[x]+(D-1)[y]=0 & \cdots ②\end{cases}$$

y を消去する方針で変形すると

$$\begin{array}{lll}(D-1)\times① & (D-1)(D+1)[x]-(D-1)[y]=0\\ +)\qquad ② & 5[x]+(D-1)[y]=0\\ \hline & \{(D-1)(D+1)+5\}[x]\qquad =0\end{array}$$

$$(D^2+4)[x]=0$$

$$\longrightarrow\quad (D^2+2^2)[x]=0$$

これより基本解は　$\{\cos 2t,\ \sin 2t\}$

一般解は　$x=C_1\cos 2t+C_2\sin 2t$

①に代入して y を求める。

$$\begin{aligned}[y]=y&\\ &=(D+1)[x]=D[x]+[x]\\ &=\dot{x}+x\\ &=(C_1\cos 2t+C_2\sin 2t)'\\ &\qquad +(C_1\cos 2t+C_2\sin 2t)\\ &=(-2C_1\sin 2t+2C_2\cos 2t)\\ &\qquad +(C_1\cos 2t+C_2\sin 2t)\\ &=(C_1+2C_2)\cos 2t+(C_2-2C_1)\sin 2t\end{aligned}$$

以上より一般解は

$$\begin{cases}x=C_1\cos 2t+C_2\sin 2t\\ y=(C_1+2C_2)\cos 2t+(C_2-2C_1)\sin 2t\end{cases}$$

x と y の C_1, C_2 は関連しているのでやたらに置き換えてはだめよ。

総合練習 4 (p. 144)

1. (1) 同次方程式の基本解は

$$\{e^{3x},\ e^{-x}\}$$

特殊解 $v(x)$ は公式 4.3 (iii) を使って

$$v(x) = \frac{1}{4}\left\{\frac{1}{D-3}[\cos x] - \frac{1}{D+1}[\cos x]\right\}$$

$$= \frac{1}{4}\left\{\frac{1}{10}(\sin x - 3\cos x) - \frac{1}{2}(\sin x + \cos x)\right\}$$

$$= -\frac{1}{10}(\sin x + 2\cos x)$$

$$\therefore \quad y = C_1 e^{3x} + C_2 e^{-x} - \frac{1}{10}(\sin x + 2\cos x)$$

(2) 同次方程式の基本解は

$$\{e^{5x},\ e^{-x}\}$$

特殊解 $v(x)$ は公式 4.3 (i) を使って

$$v(x) = \frac{1}{6}\left\{\frac{1}{D-5}[e^x] - \frac{1}{D+1}[e^x]\right\}$$

$$= \frac{1}{6}\left(-\frac{1}{4}e^x - \frac{1}{2}e^x\right)$$

$$= -\frac{1}{8}e^x$$

$$\therefore \quad y = C_1 e^{5x} + C_2 e^{-x} - \frac{1}{8}e^x$$

(3) 同次方程式の基本解は

$$\{e^x,\ xe^x\}$$

特殊解 $v(x)$ は公式 4.4 (iii) より

$$v(x) = \frac{1}{(D-1)^2}[\sin 2x]$$

$$= \frac{1}{25}(4\cos 2x - 3\sin 2x)$$

$$\therefore \quad y = (C_1 + C_2 x)e^x + \frac{1}{25}(4\cos 2x - 3\sin 2x)$$

(4) 同次方程式の基本解は

$$\{e^{-2x},\ xe^{-2x}\}$$

特殊解 $v(x)$ は公式 4.4 (i) より

$$v(x) = \frac{1}{(D+2)^2}[e^{-2x}]$$

$$= \frac{1}{2}x^2 e^{-2x}$$

$$\therefore \quad y = (C_1 + C_2 x)e^{-2x} + \frac{1}{2}x^2 e^{-2x}$$

(5) 同次方程式の基本解は

$$\{e^{3x},\ e^{-3x}\}$$

特殊解 $v(x)$ は公式 4.3 (i) を使って

$$v(x) = \frac{1}{6}\left\{\frac{1}{D-3}[e^{3x}] - \frac{1}{D+3}[e^{3x}]\right\}$$

$$= \frac{1}{6}\left(xe^{3x} - \frac{1}{6}e^{3x}\right)$$

$$= \frac{1}{36}(6x-1)e^{3x}$$

$$\therefore \quad y = C_1 e^{3x} + C_2 e^{-3x} + \frac{1}{36}e^{3x}(6x-1)$$

$C_1 - \frac{1}{36}$ を改めて C_1 と書き直すと

$$y = C_1 e^{3x} + C_2 e^{-3x} + \frac{1}{6}xe^{3x}$$

（6） 同次方程式の基本解は $\{1, e^{-3x}\}$

特殊解 $v(x)$ は公式 4.2（i）より

$$v(x)=\frac{1}{D}\left[\frac{1}{D+3}[x]\right]$$

$$=\frac{1}{D}\left[e^{-3x}\frac{1}{D}[e^{3x}x]\right]$$

$$=\frac{1}{D}\left[e^{-3x}\int_p xe^{3x}\,dx\right]$$

部分積分を行って計算すると

$$=\frac{1}{D}\left[\frac{1}{3}x-\frac{1}{9}\right]$$

$$=\frac{1}{9}\int_p (3x-1)\,dx$$

$$=\frac{1}{18}x(3x-2)$$

これより一般解は

$$y=C_1+C_2e^{-3x}+\frac{1}{18}x(3x-2)$$

（7） 同次方程式の基本解は $\{1, e^{2x}\}$

特殊解 $v(x)$ は公式 4.3（ii）より

$$v(x)=\frac{1}{D}\left[\frac{1}{D-2}[e^{2x}\sin x]\right]$$

$$=-\frac{1}{D}[e^{2x}\cos x]$$

$$=-\int_p e^{2x}\cos x\,dx$$

p. 20 の積分公式を使うと

$$=-\frac{1}{5}e^{2x}(2\cos x+\sin x)$$

$$\therefore\quad y=C_1+C_2e^{2x}-\frac{1}{5}e^{2x}(2\cos x+\sin x)$$

（8） 同次方程式の基本解は

$$\{\cos 3x, \sin 3x\}$$

特殊解 $v(x)$ は公式 4.5（i），4.6（ii）より

$$v(x)=\frac{1}{D^2+3^2}[\sin 3x-\cos x]$$

$$=-\frac{1}{6}x\cos 3x-\frac{1}{8}\cos x$$

これより一般解は

$$y=C_1\cos 3x+C_2\sin 3x-\frac{1}{6}x\cos 3x-\frac{1}{8}\cos x$$

（9） $y=C_1\cos x+C_2\sin x+C_3e^{x}+C_4e^{-x}$

（10） $y=C_1+C_2x+C_3\cos x+C_4\sin x$

(6), (7)は，部分分数に展開して計算しても，もちろん O. K. よ。

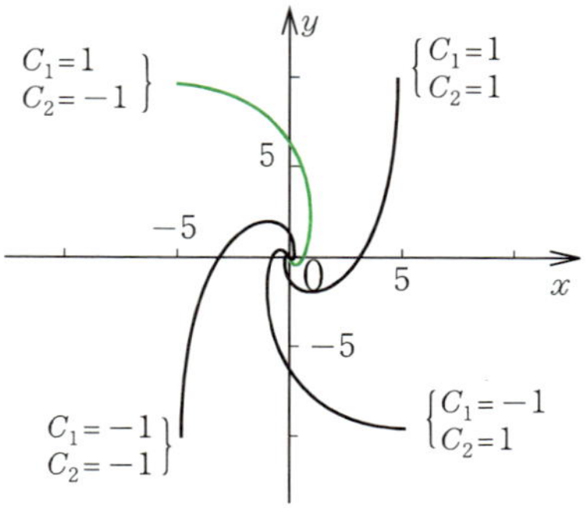

2. (1)　一般解は

$$\begin{cases} x = C_1 e^{-t} + C_2 e^{t} \\ y = -3C_1 e^{-t} - C_2 e^{t} \end{cases}$$

特殊解は，$C_1 = -1$，$C_2 = 1$ のときで

$$\begin{cases} x = -e^{-t} + e^{t} \\ y = 3e^{-t} - e^{t} \end{cases}$$

(2)　一般解は

$$\begin{cases} x = e^{2t}(C_1 \cos 2t + C_2 \sin 2t) \\ y = 2e^{2t}(-C_2 \cos 2t + C_1 \sin 2t) \end{cases}$$

特殊解は，$C_1 = 1$，$C_2 = -1$ のときで

$$\begin{cases} x = e^{2t}(\cos 2t - \sin 2t) \\ y = 2e^{2t}(\cos 2t + \sin 2t) \end{cases}$$ (左頁下のグラフ)

(3)　一般解は

$$\begin{cases} x = \frac{4}{3} C_1 e^{-2t} + C_2 e^{-3t} + 2 \\ y = C_1 e^{-2t} + C_2 e^{-3t} + 1 \end{cases}$$

特殊解は，$C_1 = 3$，$C_2 = -2$ のときで

$$\begin{cases} x = 4e^{-2t} - 2e^{-3t} + 2 \\ y = 3e^{-2t} - 2e^{-3t} + 1 \end{cases}$$

(4)　一般解は

$$\begin{cases} x = (C_1 + C_2 t)e^{t} - 2 \\ y = -\{(2C_1 + C_2) + 2C_2 t\}e^{t} + 3 \end{cases}$$

特殊解は，$C_1 = 2$，$C_2 = -1$ のときで

$$\begin{cases} x = (2 - t)e^{t} - 2 \\ y = (2t - 3)e^{t} + 3 \end{cases}$$

練習問題 52 (p. 151)

それぞれの関数のマクローリン展開を書き直すと（p. 147 参照，$\sin x$ と e^x は x^3 まで，$\cos x$ は x^4 まで）

$$\sin x = x - \frac{1}{6}x^3 + \cdots$$

$$\cos x = 1 - \frac{1}{2}x^2 + \frac{1}{24}x^4 - \cdots$$

$$e^x = 1 + x + \frac{1}{2}x^2 + \frac{1}{6}x^3 + \cdots$$

（いずれも $-\infty < x < \infty$）

(1)　$2\sin x - \cos x$

$$= 2\left(x - \frac{1}{6}x^3 + \cdots\right) - \left(1 - \frac{1}{2}x^2 + \cdots\right)$$

$$= -1 + 2x + \frac{1}{2}x^2 - \frac{1}{3}x^3 - \cdots$$

$(-\infty < x < \infty)$

(2)　$e^x \cos x$

$$= \left(1 + x + \frac{1}{2}x^2 + \frac{1}{6}x^3 + \cdots\right) \times \left(1 - \frac{1}{2}x^2 + \cdots\right)$$

$$= 1\cdot 1 + 1\cdot x + \left\{1\cdot\left(-\frac{1}{2}\right) + \frac{1}{2}\cdot 1\right\}x^2 + \left\{1\cdot\left(-\frac{1}{2}\right) + \frac{1}{6}\cdot 1\right\}x^3 + \cdots$$

$$= 1 + x - \frac{1}{3}x^3 + \cdots$$

$(-\infty < x < \infty)$

(3)　$(\cos x)'$

$$= \left(1 - \frac{1}{2}x^2 + \frac{1}{24}x^4 - \cdots\right)'$$

$$= 1' - \left(\frac{1}{2}x^2\right)' + \left(\frac{1}{24}x^4\right)' - \cdots$$

$$= -x + \frac{1}{6}x^3 - \cdots$$ $(-\infty < x < \infty)$

練習問題 53 (p. 153)

（1） 初期条件より

$$y = 2 + A_1(x-0) + A_2(x-0)^2 + A_3(x-0)^3 + A_4(x-0)^4 + \cdots$$
$$= 2 + A_1x + A_2x^2 + A_3x^3 + A_4x^4 + \cdots$$

とおいて微分方程式へ代入すると

$$(2 + A_1x + A_2x^2 + A_3x^3 + A_4x^4 + \cdots)' = (2 + A_1x + A_2x^2 + A_3x^3 + \cdots) - 1$$
$$A_1 + 2A_2x + 3A_3x^2 + 4A_4x^3 + \cdots = 1 + A_1x + A_2x^2 + A_3x^3 + \cdots$$

両辺を比較すると

$$A_1 = 1,\ 2A_2 = A_1,\ 3A_3 = A_2,\ 4A_4 = A_3,\ \cdots$$

これらより

$$A_1 = 1,\ A_2 = \frac{1}{2},\ A_3 = \frac{1}{6},\ A_4 = \frac{1}{24}, \cdots$$

したがって求める関数 y は

$$y = 2 + x + \frac{1}{2}x^2 + \frac{1}{6}x^3 + \frac{1}{24}x^4 + \cdots$$

注 $A_{n+1} = \dfrac{1}{n+1}A_n$ より

$$A_n = \frac{1}{n!}$$

収束半径は ∞。求まった級数は

$$y = 1 + e^x$$

のマクローリン展開。

（2） 初期条件より

$$y = -1 + A_1(x-0) + A_2(x-0)^2 + A_3(x-0)^3 + A_4(x-0)^4 + \cdots$$
$$= -1 + A_1x + A_2x^2 + A_3x^3 + A_4x^4 + \cdots$$

とおいて微分方程式に代入すると

$$\text{左辺} = (x-1)(-1 + A_1x + A_2x^2 + A_3x^3 + A_4x^4 + \cdots)'$$
$$= (x-1)(A_1 + 2A_2x + 3A_3x^2 + 4A_4x^3 + \cdots)$$
$$= -A_1 + (A_1 - 2A_2)x + (2A_2 - 3A_3)x^2 + (3A_3 - 4A_4)x^3 + \cdots$$
$$\text{右辺} = x(-1 + A_1x + A_2x^2 + A_3x^3 + A_4x^4 + \cdots)$$
$$= -x + A_1x^2 + A_2x^3 + A_3x^4 + \cdots$$

両辺を比較して

$$-A_1 = 0,\ A_1 - 2A_2 = -1,\ 2A_2 - 3A_3 = A_1,\ 3A_3 - 4A_4 = A_2, \cdots$$

これらより

$$A_1 = 0,\ A_2 = \frac{1}{2},\ A_3 = \frac{1}{3},\ A_4 = \frac{1}{8}, \cdots$$

ゆえに求める関数は

$$y = -1 + \frac{1}{2}x^2 + \frac{1}{3}x^3 + \frac{1}{8}x^4 + \cdots$$

注 $n \geqq 2$ のとき

$$nA_n - (n+1)A_{n+1} = A_{n-1}$$

帰納法により

$$A_n = \frac{n-1}{n!} = \frac{1}{(n-1)!} - \frac{1}{n!}$$

収束半径は ∞。求まった級数は

$$y = (x-1)e^x$$

のマクローリン展開。

練習問題 54 (p. 155)

$u = x - 1$ とおくと

$$\frac{du}{dx} = 1,\quad x = u + 1$$

$$\therefore\quad y' = \frac{dy}{dx} = \frac{dy}{du}\frac{du}{dx} = \frac{dy}{du}$$

(1) これらを微分方程式へ代入すると

$$(u+1)\frac{dy}{du} = 1 \quad \cdots ①$$

初期条件は“$u=0$ のとき $y=0$”となる。そこで①のベキ級数解を

$$y = A_1u + A_2u^2 + A_3u^3 + \cdots$$

とおいて①へ代入すると

$$(u+1)(A_1u + A_2u^2 + A_3u^3 + \cdots)' = 1$$

$$(u+1)(A_1 + 2A_2u + 3A_3u^2 + \cdots) = 1$$

$$A_1 + (A_1 + 2A_2)u + (2A_2 + 3A_3)u^2 + \cdots = 1$$

両辺を比較すると

$$A_1 = 1,\quad A_1 + 2A_2 = 0,\quad 2A_2 + 3A_3 = 0, \cdots$$

これらより

$$A_1 = 1,\quad A_2 = -\frac{1}{2},\quad A_3 = \frac{1}{3}, \cdots$$

ゆえに①の解は

$$y = u - \frac{1}{2}u^2 + \frac{1}{3}u^3 + \cdots$$

$u = x - 1$ だったので代入すると

$$y = (x-1) - \frac{1}{2}(x-1)^2 + \frac{1}{3}(x-1)^3 + \cdots$$

注 $A_n = (-1)^{n-1}\dfrac{1}{n}$，収束半径は 1。

級数解は

$$y = \log(1+u) = \log x$$

に収束する。

(2) $u = x - 1$ とおくと (1) と同様にして

$$(u+1)\frac{dy}{dx} = (u+2)y \quad \cdots ②$$

初期条件は“$u=0$ のとき $y=1$”となる。②のベキ級数解を

$$y = 1 + A_1u + A_2u^2 + A_3u^3 + \cdots$$

とおいて②へ代入すると

$$(u+1)(1 + A_1u + A_2u^2 + A_3u^3 + \cdots)' = (u+2)(1 + A_1u + A_2u^2 + A_3u^3 + \cdots)$$

$$\text{左辺} = (u+1)(A_1 + 2A_2u + 3A_3u^2 + \cdots) = A_1 + (A_1 + 2A_2)u + (2A_2 + 3A_3)u^2 + \cdots$$

$$\text{右辺} = 2 + (1 + 2A_1)u + (A_1 + 2A_2)u^2 + \cdots$$

両辺を比較すると

$$A_1 = 2,\quad A_1 + 2A_2 = 1 + 2A_1,\quad 2A_2 + 3A_3 = A_1 + 2A_2, \cdots$$

これらより

$$A_1 = 2,\quad A_2 = \frac{3}{2},\quad A_3 = \frac{2}{3}, \cdots$$

ゆえに②の解は

$$y = 1 + 2u + \frac{3}{2}u^2 + \frac{2}{3}u^3 + \cdots$$

u をもとにもどすと

$$y = 1 + 2(x-1) + \frac{3}{2}(x-1)^2 + \frac{2}{3}(x-1)^3 + \cdots$$

注 $(n+1)A_{n+1} + (n-2)A_n = A_{n-1}$ $(n \geqq 2)$ が成立するので，帰納法により

$$A_n = \frac{n+1}{n!} = \frac{1}{(n-1)!} + \frac{1}{n!}$$

級数解は

$$y = ue^u + e^u = xe^{x-1}$$

に収束する。収束半径は u, x ともに ∞。

練習問題 55 (p. 157)

（1） 初期条件より

$$y = 2 + 3\cdot(x-0) + A_2(x-0)^2 + A_3(x-0)^3 + A_4(x-0)^4 + \cdots$$
$$= 2 + 3x + A_2x^2 + A_3x^3 + A_4x^4 + \cdots$$

とおくと，

$$y' = 3 + 2A_2x + 3A_3x^2 + 4A_4x^3 + \cdots$$
$$y'' = 2A_2 + 6A_3x + 12A_4x^2 + \cdots$$

これらを方程式に代入して

$$(2A_2 + 6A_3x + 12A_4x^2 + \cdots) - 3(3 + 2A_2x + 3A_3x^2 + 4A_4x^3 + \cdots) + 2(2 + 3x + A_2x^2 + A_3x^3 + A_4x^4 + \cdots) = 0$$

$$(2A_2 - 5) + (6A_3 - 6A_2 + 6)x + (12A_4 - 9A_3 + 2A_2)x^2 + \cdots = 0$$

両辺を比較して

$$2A_2 - 5 = 0,\ 6A_3 - 6A_2 + 6 = 0,$$
$$12A_4 - 9A_3 + 2A_2 = 0, \cdots$$

これらより

$$A_2 = \frac{5}{2},\ A_3 = \frac{3}{2},\ A_4 = \frac{17}{24}, \cdots$$

ゆえに，求める級数解は

$$y = 2 + 3x + \frac{5}{2}x^2 + \frac{3}{2}x^3 + \frac{17}{24}x^4 + \cdots$$

（2） 初期条件より

$$y = 0 + 1\cdot(x-0) + A_2(x-0)^2 + A_3(x-0)^3 + A_4(x-0)^4 + \cdots$$
$$= x + A_2x^2 + A_3x^3 + A_4x^4 + \cdots$$

とおくと

$$y' = 1 + 2A_2x + 3A_3x^2 + 4A_3x^3 + \cdots$$
$$y'' = 2A_2 + 6A_3x + 12A_4x^2 + \cdots$$

これらを方程式に代入して

$$\text{左辺} = (2A_2 + 6A_3x + 12A_4x^2 + \cdots) - 3(1 + 2A_2x + 3A_3x^2 + 4A_4x^3 + \cdots) + 2(x + A_2x^2 + A_3x^3 + A_4x^4 + \cdots)$$
$$= (2A_2 - 3) + (6A_3 - 6A_2 + 2)x + (12A_4 - 9A_3 + 2A_2)x^2 + \cdots$$

$$\text{右辺} = 1 - \frac{1}{2}x^2 + \frac{1}{24}x^4 - \cdots$$

両辺を比較して

$$2A_2 - 3 = 1,\ 6A_3 - 6A_2 + 2 = 0,$$
$$12A_4 - 9A_3 + 2A_2 = -\frac{1}{2}, \cdots$$

これらより

$$A_2 = 2,\ A_3 = \frac{5}{3},\ A_4 = \frac{7}{8}, \cdots$$

ゆえに級数解は

$$y = x + 2x^2 + \frac{5}{3}x^3 + \frac{7}{8}x^4 + \cdots$$

$$\cos x = 1 - \frac{1}{2!}x^2 + \frac{1}{4!}x^4 - \cdots$$

第3章で勉強した方法で解くと厳密解は

(1) $y = e^x + e^{2x}$

(2) $y = \dfrac{7}{5}e^{2x} - \dfrac{3}{2}e^x + \dfrac{1}{10}(\cos x - 3\sin x)$

となるわ。

練習問題 56 (p. 163)

（1）　$a=0,\ b=1$

$f(x,y)=y$ より $f(t,y(t))=y(t)$

0. $y=b=1$

1. $$y=y_1(x)=b+\int_0^x f(t,b)\,dx$$
$$=1+\int_0^x 1\,dt=1+x$$

2. $$y=y_2(x)=b+\int_0^x f(t,y_1(t))\,dt$$
$$=1+\int_0^x (1+t)\,dt$$
$$=1+\left[t+\frac{1}{2}t^2\right]_0^x$$
$$=1+x+\frac{1}{2}x^2$$

3. $$y=y_3(x)=b+\int_0^x f(t,y_2(t))\,dt$$
$$=1+\int_0^x\left(1+t+\frac{1}{2}t^2\right)dt$$
$$=1+\left[t+\frac{1}{2}t^2+\frac{1}{6}t^3\right]_0^x$$
$$=1+x+\frac{1}{2}x^2+\frac{1}{6}x^3$$

ゆえに近似解は

$$y=1+x+\frac{1}{2}x^2+\frac{1}{6}x^3$$

こっちの厳密解は
(1) y=e^x
(2) y=2(x−1)+e^{1−x}
よ。

（2）　$a=1,\ b=1$

$f(x,y)=2x-y$ より

$f(t,y(t))=2t-y(t)$

0. $y=b=1$

1. $$y=y_1(x)=b+\int_1^x f(t,b)\,dt$$
$$=1+\int_1^x (2t-1)\,dt$$
$$=1+\left[t^2-t\right]_1^x=1-x+x^2$$

2. $$y=y_2(x)=1+\int_1^x f(t,y_1(t))\,dt$$
$$=1+\int_1^x \{2t-(1-t+t^2)\}\,dt$$
$$=1+\int_1^x (-1+3t-t^2)\,dt$$
$$=1+\left[-t+\frac{3}{2}t^2-\frac{1}{3}t^3\right]_1^x$$
$$=\frac{5}{6}-x+\frac{3}{2}x^2-\frac{1}{3}x^3$$

3. $$y=y_3(x)=1+\int_1^x f(t,y_2(t))\,dt$$
$$=1+\int_1^x\left\{2t-\left(\frac{5}{6}-t+\frac{3}{2}t^2-\frac{1}{3}t^3\right)\right\}dt$$
$$=1+\int_1^x\left(-\frac{5}{6}+3t-\frac{3}{2}t^2+\frac{1}{3}t^3\right)dt$$
$$=1+\left[-\frac{5}{6}t+\frac{3}{2}t^2-\frac{1}{2}t^3+\frac{1}{12}t^4\right]_1^x$$
$$=1+\left\{\left(-\frac{5}{6}x+\frac{3}{2}x^2-\frac{1}{2}x^3+\frac{1}{12}x^4\right)-\left(-\frac{5}{6}+\frac{3}{2}-\frac{1}{2}+\frac{1}{12}\right)\right\}$$
$$=\frac{3}{4}-\frac{5}{6}x+\frac{3}{2}x^2-\frac{1}{2}x^3+\frac{1}{12}x^4$$

ゆえに，求める近似解は

$$y=\frac{3}{4}-\frac{5}{6}x+\frac{3}{2}x^2-\frac{1}{2}x^3+\frac{1}{12}x^4$$

総合練習 5 (p. 164)

1. (1)　$y = 1 + A_1x + A_2x^2 + A_3x^3 + \cdots$
とおいて微分方程式に代入すると

$$A_1 = 1,\ 2A_2 = 2A_1,$$
$$3A_3 = {A_1}^2 + 2A_2, \cdots$$

これらより　$A_1 = 1,\ A_2 = 1,\ A_3 = 1, \cdots$

$$\therefore\quad y = 1 + x + x^2 + x^3 + \cdots$$

$\left(\text{厳密解は，} y = \dfrac{1}{1-x}\right)$

(2)　$y = 1 + A_1x + A_2x^2 + A_3x^3 + A_4x^4 + \cdots$
とおいて微分方程式へ代入すると

$$A_1 = 0,\ 2A_2 = 2,$$
$$A_1 + 3A_3 = 4A_1,$$
$$4A_4 + 2A_2 = 2({A_1}^2 + 2A_2), \cdots$$

これらより

$$A_1 = 0,\ A_2 = 1,\ A_3 = 0,\ A_4 = \frac{1}{2}, \cdots$$

$$\therefore\quad y = 1 + x^2 + \frac{1}{2}x^4 + \cdots$$

$\left(\text{厳密解は，} y = \dfrac{1}{1-\log(1+x^2)}\right)$

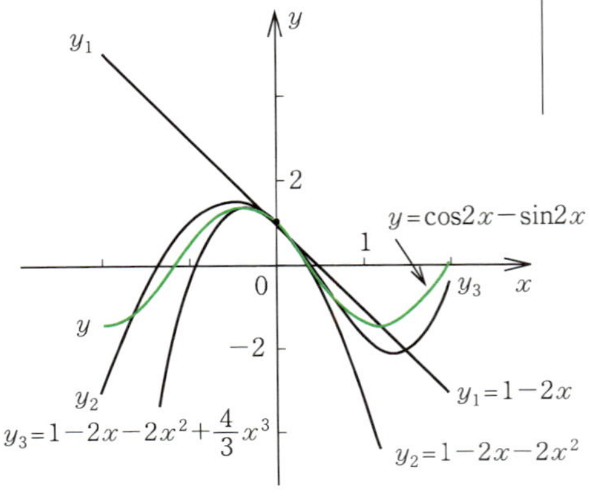

(3)　$u = x - 1$ とおくと微分方程式は

$$(u+1)\frac{dy}{du} = u + y$$

$u = 0$ のとき $y = 0$ なので
$y = A_1u + A_2u^2 + A_3u^3 + A_4u^4 + \cdots$
とおいて上の微分方程式へ代入すると

$$A_1 = 0,\ A_1 + 2A_2 = 1 + A_1,$$
$$2A_2 + 3A_3 = A_2,$$
$$3A_3 + 4A_4 = A_3, \cdots$$

これらより

$$A_1 = 0,\ A_2 = \frac{1}{2},\ A_3 = -\frac{1}{6},$$
$$A_4 = \frac{1}{12}, \cdots$$

ゆえに求める級数解は

$$y = \frac{1}{2}(x-1)^2 - \frac{1}{6}(x-1)^3 + \frac{1}{12}(x-1)^4 + \cdots$$

(厳密解は，$y = x\log x - x + 1$)

(4)　$y = 1 - 2x + A_2x^2 + A_3x^3 + \cdots$
とおいて微分方程式へ代入すると
$2A_2 + 4 = 0,\ 6A_3 - 8 = 0, \cdots$ より

$$A_2 = -2,\ A_3 = \frac{4}{3}, \cdots$$

$$\therefore\quad y = 1 - 2x - 2x^2 + \frac{4}{3}x^3 + \cdots$$

(厳密解は，$y = \cos 2x - \sin 2x$
左のグラフ参照)

（5） $u=x-1$ とおくと方程式は

$$\frac{d^2y}{du^2}-\frac{dy}{du}=\frac{1}{u+1}$$

$u=0$ のとき $y=0,\ y'=1$

となるので

$$y=u+A_2u^2+A_3u^3+\cdots$$

とおいて上の微分方程式へ代入すると

$$2A_2-1=1,\ 6A_3-2A_2=-1,\cdots$$

より $A_2=1,\ A_3=\frac{1}{6},\cdots$

$$\therefore\ y=(x-1)+(x-1)^2+\frac{1}{6}(x-1)^3+\cdots$$

（通常の方法で厳密解を求めることはできない。）

2.（1） $y_1(x)=-x$

$y_2(x)=-x+\frac{1}{3}x^3$ より

$$y=-x+\frac{1}{3}x^3-\frac{2}{15}x^5+\frac{1}{63}x^7$$

$\left(\text{厳密解は, } y=\frac{1-e^{2x}}{1+e^{2x}},\ \text{下のグラフ}\right)$

（2） $y_1(x)=-\frac{1}{2}+\frac{1}{2}x^2$

$$y_2(x)=-\frac{3}{4}+\frac{3}{4}x^2-\frac{1}{2}\log x$$

$$y_3(x)=\int_1^x\left(-\frac{3}{4}\cdot\frac{1}{t}+\frac{7}{4}t-\frac{1}{2}\frac{\log t}{t}\right)dt$$

$u=\log t$ とおくと $\frac{du}{dt}=\frac{1}{t}$ より

$$\int_p\frac{\log t}{t}dt=\int_p u\,du=\frac{1}{2}(\log t)^2$$

$y_3(x)$ を計算すると

$$y=-\frac{7}{8}+\frac{7}{8}x^2-\frac{3}{4}\log x-\frac{1}{4}(\log x)^2$$

（厳密解は, $y=x^2-x$）

（3） $y_1(x)=e^x,\ y_2(x)=\frac{1}{2}(1+e^{2x})$

より

$$y=\frac{1}{3}+\frac{1}{2}e^x+\frac{1}{6}e^{3x}$$

（厳密解は, $y=e^{e^x-1}$）

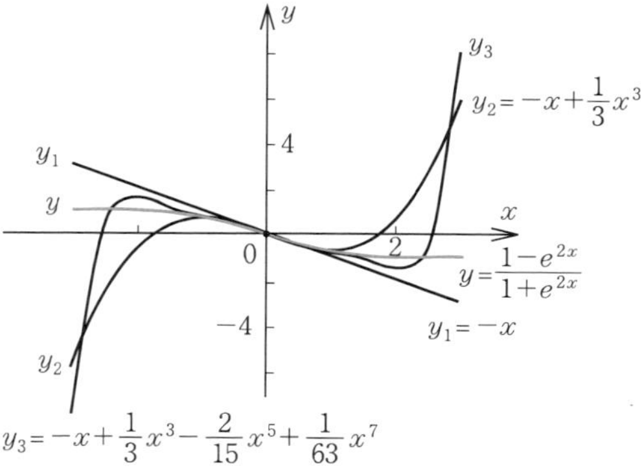

2.(1)のグラフ

ずいぶんと大変な計算を
よく頑張ったわね。
きっと将来，役に立つわよ。
お疲れさま！
ヤッタ！
ヤッタ！
ガンバッタ！
ガンバッタ！

索　　引

著者略歴

石 村 園 子（いしむら　そのこ）

元 千葉工業大学教授

著　書『やさしく学べる微分積分』（共立出版）
『やさしく学べる線形代数』（共立出版）
『やさしく学べる基礎数学
　── 線形代数・微分積分 ──』（共立出版）
『大学新入生のための数学入門（増補版）』（共立出版）
『大学新入生のための線形代数入門』（共立出版）
『大学新入生のための微分積分入門』（共立出版）
『やさしく学べる統計学』（共立出版）
『やさしく学べる離散数学』（共立出版）
『やさしく学べるラプラス変換・フーリエ解析（増補版）』（共立出版）
『工学系学生のための数学入門』（共立出版）
ほか

やさしく学べる微分方程式

2003 年 11 月 15 日　初版 1 刷発行
2023 年 2 月 10 日　初版48刷発行

著　者　石村園子　© 2003

発行所　**共立出版株式会社**／南條光章
東京都文京区小日向 4 丁目 6 番19号
電話　東京(03)3947-2511 番（代表）
郵便番号112-0006
振替口座 00110-2-57035 番
URL　www.kyoritsu-pub.co.jp

印刷所　中央印刷株式会社
製本所　協栄製本

検印廃止

NDC 413.6

ISBN 978-4-320-01750-4

一般社団法人 自然科学書協会 会員

Printed in Japan

微分演算子

微分演算子

$$D[y] = y'$$

演算子と逆演算子

$$D[F(x)] = f(x)$$

$$\iff \quad F(x) = \frac{1}{D}[f(x)] = \int_p f(x)\,dx$$

（原始関数）

微分多項式

$$(D^2 + aD + b)[y]$$
$$= D^2[y] + aD[y] + b[y]$$
$$= y'' + ay' + by$$

基 本 解

$$(D-\alpha)(D-\beta)[y] = 0 \longrightarrow \{e^{\alpha x},\ e^{\beta x}\}$$

$$(D-\alpha)^2[y] = 0 \longrightarrow \{e^{\alpha x},\ xe^{\alpha x}\}$$

$$\{(D-\alpha)^2 + \beta^2\}[y] = 0 \longrightarrow \{e^{\alpha x}\cos\beta x,\ e^{\alpha x}\sin\beta x\}$$

公式 4.2

（i）　$\dfrac{1}{D-\alpha}[f(x)] = e^{\alpha x}\dfrac{1}{D}[e^{-\alpha x}f(x)]$

（ii）　$\dfrac{1}{D-\alpha}[e^{\alpha x}f(x)] = e^{\alpha x}\dfrac{1}{D}[f(x)]$

公式 4.3（ii）

$$\frac{1}{D-\alpha}[e^{\alpha x}\sin\beta x] = -\frac{1}{\beta}e^{\alpha x}\cos\beta x$$

$$\frac{1}{D-\alpha}[e^{\alpha x}\cos\beta x] = \frac{1}{\beta}e^{\alpha x}\sin\beta x$$

公式 4.3（i）

$$\frac{1}{D-\alpha}[e^{\alpha x}] = xe^{\alpha x}$$

$$\frac{1}{D-\alpha}[e^{\beta x}] = \frac{1}{\beta-\alpha}e^{\beta x}$$

$(\alpha \neq \beta)$

公式 4.3（iii）

$$\frac{1}{D-\alpha}[\sin\beta x] = -\frac{1}{\alpha^2+\beta^2}(\alpha\sin\beta x + \beta\cos\beta x)$$

$$\frac{1}{D-\alpha}[\cos\beta x] = \frac{1}{\alpha^2+\beta^2}(\beta\sin\beta x - \alpha\cos\beta x)$$

公式 4.4（i）

$$\frac{1}{(D-\alpha)^2}[e^{\alpha x}] = \frac{1}{2}x^2e^{\alpha x}$$

$$\frac{1}{(D-\alpha)^2}[e^{\beta x}] = \frac{1}{(\beta-\alpha)^2}e^{\beta x} \quad (\alpha \neq \beta)$$

公式 4.5

（i）　$\dfrac{1}{D^2+\beta^2}[\sin\beta x] = -\dfrac{1}{2\beta}x\cos\beta x$

（ii）　$\dfrac{1}{D^2+\beta^2}[\cos\beta x] = \dfrac{1}{2\beta}x\sin\beta x$

公式 4.4（ii）

$$\frac{1}{(D-\alpha)^2}[e^{\alpha x}\sin\beta x] = -\frac{1}{\beta^2}e^{\alpha x}\sin\beta x$$

$$\frac{1}{(D-\alpha)^2}[e^{\alpha x}\cos\beta x] = -\frac{1}{\beta^2}e^{\alpha x}\cos\beta x$$

公式 4.6

（i）　$\dfrac{1}{D^2+k^2}[\sin\beta x] = \dfrac{1}{k^2-\beta^2}\sin\beta x$

（ii）　$\dfrac{1}{D^2+k^2}[\cos\beta x] = \dfrac{1}{k^2-\beta^2}\cos\beta x$

$(k \neq \beta)$